愿你有勇气受伤，有志气坚强

毛馨怡◎编著

中国纺织出版社有限公司

内 容 提 要

生活的无奈换来坚强，生活的磨难则换来勇气。慢慢地，我们开始懂了，一心想要的安全感只能自己给，一心想要的满足感只能自己拼。

本书深度剖析极容易受伤和受挫的心理情绪，从树立自信、纠正行为偏差等几方面来激励人们重新建立强大的内心，让你在前进的路上，有勇气受伤，有志气坚强。

图书在版编目（CIP）数据

愿你有勇气受伤，有志气坚强 / 毛馨怡编著. --北京：中国纺织出版社有限公司，2020.4

ISBN 978-7-5180-6895-1

Ⅰ.①愿… Ⅱ.①毛… Ⅲ.①挫折（心理学）—通俗读物 Ⅳ.①B842.6-49

中国版本图书馆CIP数据核字（2019）第236799号

责任编辑：李 扬　　责任校对：韩雪丽　　责任印制：储志伟

中国纺织出版社有限公司出版发行

地址：北京市朝阳区百子湾东里A407号楼　邮政编码：100124

销售电话：010—67004422　传真：010—87155801

http://www.c-textilep.com

中国纺织出版社天猫旗舰店

官方微博http://weibo.com/2119887771

三河市延风印装有限公司印刷　各地新华书店经销

2020年4月第1版第1次印刷

开本：880×1230　1/32　印张：5

字数：97千字　定价：39.80元

前言

有人说："成长的意义除了欲望，还有勇气和坚强，以及某种程度的牺牲。在生活面前，你若是不懂得爱与被爱，则永远都是个长不大的孩子。"当我们从一个懵懂的少年成为一个成年人，总要在生活里受伤、受挫，而勇气和坚强则是引领我们走向人生旅途的翅膀，这样即便生活只剩下苦的味道，我们依然还有勇气继续坚强地活着。

罗曼·罗兰说："世界上只有一种英雄主义，就是看清生活的真相之后，依然热爱生活。"不要因为害怕受伤，而拒绝一切开始。所有事情都会开始，不管我们是否做好了准备，有些情感总会坍塌，有些眼泪总会在无声无息中流下，有些伤痛总在莫名的夜里袭来，受伤是在所难免的。但是，难道仅仅害怕受伤，就拒绝一切的开始吗？真正的坚强不是不怕受伤，而是受伤之后可以自我治愈，痊愈后依旧落落大方地拥抱新的开始。在人生旅途的跌跌撞撞中，我们要有勇气受伤，怀着不怕受伤的勇气前行，在某个阳光明媚的午后治愈那些伤口，然后义无反顾地向前走。

没有人一开始就是坚强的，他们必定经受一番痛苦的折磨之后才变得坚强。没有谁是在无忧无虑中学会坚强的，没有谁是在舒适环境中变得坚强的。坚强是在不断的锤炼中学会的，勇气也是在没有了依靠后知道的。所有的坚强都是熬出来的，所有的勇气都是逼出来的。有了勇气受伤，有了志气坚强，渐渐就学会了自我安慰。伤心的时候没人疼，渐渐就会学会了疗伤；困难的时候没人帮忙，渐渐就学会了独自坚强面对；跌倒了没有人扶，渐渐就学会了勇敢站起来。

在最无助的时候，没有谁是值得依靠的；在最困难的时候，没有谁会来帮助你。只有凭着勇气和坚强，强打起精神，扛着，熬着。扛着扛着，也就渐渐挺过来了；熬着熬着，也就渐渐地走出来了。

编著者

2019年3月

目 录

第 1 章

抬起头，让你的怯弱无处可藏

每个人内心都有脆弱的地方，可能自卑，可能低自尊，那些怯弱埋藏在心里，时刻影响着你的言行。修炼强大内心的第一步，就是抬起头，让你的怯弱无处可藏，坦然走出去，迎接那本该属于你的一切。

自卑感是如何毁掉你的

自卑心理，用科学的语言可以解释为对自己缺乏正确的认识，在人际交往中缺乏自信，做事缺乏勇气，畏首畏尾，随声附和，没有主见，一遇到错误就以为是自己的问题，导致自己失去与人交往的勇气和信心。实际上，正是因为这样的自卑心理，让自己失去展现自我的机会。

自卑，它是一种不能自助和软弱的复杂情感。那些有着自卑心理的人总是容易轻视自己，觉得没办法赶上别人。在这里，自卑心理主要表现为两个方面：一是以一个人认为自己或自己的环境不如别人的自卑观念为核心的潜意识欲望、情感组成的一种复杂心理；二是一个人因为不可以或不愿意进行奋斗而形成的文饰心理。

自卑心理是因为婴幼儿时期的无能状态和对别人的依赖引起的，对人有普遍的意义，可以成为驱使人进步的能量。当然，自卑心理是可以通过调整认和增强自信心并给予支持而消除的。

韦尔奇这样解释他的成功："我们所经历的一切都会成为我们建立信心的基石，当你被选为一支球队的队长时，当你在球场中选队员时，你就掌握了这支队伍，然后事情就这么发生了，渐渐地，你会掌握这些经验，而且人们也会信任你，给予你善意的回应。”其实，在生活中，事情本身并不能影响我们，我们只是受对事物的看法的影响。

自信、执着，会让你拥有一张人生之旅的永远坐票。那些不愿意相信自己，最终只能在漂泊无依中一直流浪到老的人，他们其实就是在生活中安于现状、不思进取、害怕失败的自卑者，他们只能永远滞留在没有成功的起点。信心是获得成功不可缺少的前提，信心会引导我们走向成功。有信心的人，他们遇事不畏缩，不恐惧，即使内心隐隐不安，他们也能勇敢地超越自我。有信心的人，他们浑身上下充满了活力，能解决任何问题，凡事全力以赴，最终他们成为了最伟大的胜利者。

在现实生活中，我们见到过这样的自卑者，或许自己也曾经是他们中的一员。他们不敢大声说话，不苟言笑，总是独自在某个角落里默默注视着他人，实际上他们心里也渴望得到别人的关注，不过由于自卑，他们抬不起头来。因此，他们的内心世界一片黑暗，很少能交到朋友，就这样自卑地活着。其实，自卑心理是可以用实际行动来克服的，而克服自卑心理最好的办法就是付诸行动，去做自己害怕的事情，直到自己成功。

心理学家认为，在公共场合坐在前面可以建立信心。因为敢为人先，敢上人前，敢于将自己置于众目睽睽之下，就一定有足够的勇气和胆量。时间长了，这样的行为就会成为习惯，自卑也就在潜移默化中变为自信。而且，坐在比较显眼的位置，就会放大自己在公众视野中的比例，增加出现的频率，起到强化自己的作用。所以，从现在开始就尽可能地往前坐，虽然比较显眼，但通常情况下关于成功的一切都是显眼的。

心理学家认为，我们行走的姿势、步伐与其心理状态有一定的关联。通常情况下，那些懒散的姿势、缓慢的步伐是情绪低落的表现，是对自己、对工作以及对别人不愉快感受的反映。假如我们认真观察这些，就会发现身体的动作是心灵活动的结果，而那些内心自卑的人，走路就是拖拖拉拉，缺乏自信。相反，假如我们改变走路的姿势与速度，也有助于调整我们的心理状态。要表现出较强的自信心，那走起路来应该比一般人快。快步行走，就是告诉所有的人："我要到一个重要的地方，去做很重要的事情。"

俗话说得好，眼睛是心灵的窗户。一个人的眼神可以折射出性格，透露出情感，传递出微妙的信息。假如一个人不敢正视别人，那就意味着他自卑、胆怯、恐惧，一个人躲避别人的眼神，则折射出他阴暗、不坦荡的心态。当我们用眼睛正视对方，那就等于告诉对方："我是诚实的、光明正大的，我非常尊重你、喜欢你。"所以，正视别人，反映的是一种积极心态，是一种自信的象征。

许多人都知道笑可以带给人自信，它是医治信心不足的良药，不过，依然有许多人不相信这一套，那是因为他们在自卑、恐慌的时候，从来不试着微笑一下。真正的笑容不仅可以治愈自己的不良情绪，还能化解别人的敌对情绪。假如你真诚地向一个人展露笑颜，他就会对你产生好感，这种好感足以使我们充满自信。

在公众场合，自卑的人可能认为自己的意见是没价值的，假如说出来，别人可能会觉得自己很愚蠢，那最好是什么也不说。而且其他人可能比自己懂得多他们，内心里其实并不想让别人知道自己很无知。于是，在这样的过程中一次次摧毁好不容易建立起来的自信心。但是，从积极的角度来看，假如尽可能讲话，那就会增加信心。因此，不管是参加什么样的活动，都要主动讲话。

启示

假如我们任由自卑心理驱使，将自己看成是一个失败者，那我们就会失去一个表现自我的机会。其实，人没有什么局限性，任何人都一样，而在每个人的内心都有一个沉睡的巨人，那就是信心。

你的不合群，是一种孤僻

孤僻心理，也就是我们常说的不合群，是不能与人保持正常关系、经常离群独居的心理状态。在日常交际中，主要表现为不愿意与他人接触，待人冷漠，对周围的人常有厌烦、鄙视或戒备的心理。当然，有着孤僻心理的人猜疑心比较强，容易神经过敏，做事喜欢独来独往，不过也免不了被孤独、寂寞和空虚所困扰。

有人不合群是因为羞怯心理，这是一种正常的情绪反应，一旦这种心理出现时，人体肾上腺素分泌会增加，血液循环加速，这种反应往往会导致大脑中枢神经活动暂时紊乱，最后导致记忆发生故障和思维混乱，因此羞怯的人经常在人际交往中出现语无伦次、举止失措的表现。

羞怯的人会过分考虑自己给别人留下的印象，总是担心别人看不起自己，不管做什么事情，总会有一种自卑感，总是质疑自己的能力，过分夸大自己的缺点和不足，使自己长时间处于消沉的思想之中。同时，羞怯心理的阻碍使得自己无法表达内心的真实情感。

许多羞怯的人想摆脱羞怯，结果却是越想摆脱反而表现得越明显，慢慢形成一种恶性循环。所以，我们首先应该接纳羞怯心理，带着羞怯心理去做事，认识到羞怯只是生活的一部分，许多人可能都有这种体验，这样反而会让自己放松下来，逐渐克服羞怯心理。

孤僻心理的产生来自多方面的因素：青年时期的心理特点，使得孤僻心理在青年人中比较多见。青年人正处于成长的关键阶段，世界观和人生观刚开始建立，自认为已经长大成人，经常委屈地感到自己不被理解，有一种莫名奇妙的孤独感。一个缺乏强烈事业心的人也可能会有孤僻的心理。通常情况下，内向性格的人也容易孤僻，因为他们的自我观念比较强，内心深处对外界有强烈的抗拒感，往往对外界事物和周围人群表现得很冷漠。此外，童年的创伤经验，比如父母离婚、伙伴欺负等不良刺激，会使人们过早地经历烦恼、忧虑、焦虑不安等不良情绪体验，使人们产生消极心境，最终形成孤僻的性格。

孤僻者缺乏朋友之间的欢乐与友情，交往需求得不到满足，内心很苦闷、压抑、沮丧，感受不到人世间的温暖，看不到生活的美好，很容易消沉、颓废，不合群。

由于缺乏群体的支持，整天过着提心吊胆的日子，忧心忡忡，这类人群容易出现恐慌心理。假如这样的消极情绪长时间困扰自己，就会损伤身体，严重的还可能引起轻生的念头。

在成长的过程中，有的人给自己画了一个圈，给自己定了性，自己给自己增加心理暗示，自我的羞耻感、屈辱感不断增强，自我否定的意识不断形成与加剧，表现出了消极的自我评价，对身边人的戒备心理就开始产生了。随着消极的自我暗示不断地出现，自我的认知扭曲，慢慢形成逃避现实、孤僻自卑、谨小慎微、容忍退让的懦弱性格。

孤癖者本人要对孤僻的危害有一个正确的认识，打开自己紧闭的心扉，追求人生的乐趣，摆脱孤僻的困扰，同时正确地认识别人和自己，努力寻找自己的优点和长处。孤癖者通常不能正确地认识自己，有的觉得自己比别人强，总想着自己的优点和长处而看到别人的缺点，自命不凡；有的则比较自卑，总认为自己不如别人，怕被别人嘲笑而把自己封闭起来。其实，这两者都需要正确地认识别人和自己，多与别人交流思想，沟通感情，享受人与人之间的友情。

假如我们在交际方面显得比较笨拙，那可以看一些有关交往的书籍，学习交往技巧，同时多参加正当、有益的集体活动，比如郊游、跳舞、打球等，在活动中慢慢培养出自己开朗的性格。

启示

性格孤僻的人应该多与那些性格外向的人交往，让自己的情绪受到感染，也使自己变得开朗起来。这样一来，在每一次交往中都会有所收获，丰富知识经验，纠正知识上的偏差，一方面获得了友情，一方面还愉悦了身心。

欣赏自己，别总跟自己过不去

如果一个人太自卑，看自己哪里都是缺点，那么，他内心的气恐怕是发泄不完的，或许，每天的生活除了自卑就是自卑。引用错误，且原句“不患人之不己知，患不知人也”不符此处文意。对于一个人来说，最担心的事情就是自己不够了解自己，更为关键的是，不懂得欣赏和肯定自己，因为有时候那些莫名其妙的怒火其实是源于内心的自卑。他们习惯对自己挑剔，总是觉得这里不满意，那点也不如意，诸如，身高不够高、身材不够性感、脸蛋不够漂亮、家庭条件不够好等，这一切都可以成为他们自卑的理由。对此，心理专家建议这些人学会肯定并欣赏自己，千万不要自卑。

有一个姑娘活得很自卑，因为她每天所面对的都是同学的嘲笑、母亲的责骂，在这样的环境中，她已经失去了自信，每次都是怨气满满。虽然她长得很漂亮，但由于总是衣衫不整、蓬头垢面，又满脸怨气，即便有人想跟她聊天，她也会心不在焉，弄得聊天的人很尴尬。如果有人对她说：你难道不知道自己是一个十分漂亮、善良的女生吗？那么，姑娘心里肯定是欣喜的，惊喜于自己并不是那么差。

事实上，每个人都不是完美的，可能在我们的身上有一些可爱的缺陷，但是，无论是缺点还是优点，那都是我们自己，我们首先就应该接受并欣赏自己。即使在某一方面做不到绝对的完美，那又有什么关系呢？根本没有必要把它当作内心自卑的理由，否则，除了生气，我们根本没有别的时间和精力来做其他的事情。

林黛玉刚刚进荣国府的时候，对她就有一句评语："心较比干多一窍。"后来，林黛玉看到史湘云挂了金麒麟，宝玉最近也得到了一个金麒麟，林黛玉便开始生气："便恐就此生隙，同史湘云也做出那些风流佳事来。"于是，林黛玉便去偷听，结果却听到了宝玉厌烦史湘云劝他留心仕途经济的话，宝玉说："林妹妹不说这样的混帐话，若说这话，我也和她生分了。"黛玉听到这样的话，心中想："不觉又惊又喜，又悲又叹。所喜者，果然眼力不错，素日认他是个知己。所惊者，他在人前一片私心称扬于我，其亲热厚密，竟不避嫌疑。所叹者，你既为我之知己，自然我亦可为你之知己，既你我为知己，则何必有金玉之论哉；既有金玉之说，亦该你我有之，则又何必来一宝钗哉！所悲者，父母早逝，虽有刻骨铭心之言，无人为我主张。况近日每觉神思恍惚，病已渐成，医者更云气弱血亏，恐致劳怯之症，你我虽为知己，但恐自不能久持；你纵为我知己，奈我薄命何！”

有一次看戏，大家都看出那个演小旦的有点像林黛玉，只是都不肯说，史湘云却是快人快语，一下子就说了出来，林黛玉感觉到自己受辱了，马上就生气了。怕黛玉生气，宝玉使眼色给史湘云，本来宝玉是一片好意，黛玉却是更加生气。

后来，黛玉说起宝琴来，想到自己没有姊妹，不免心中怨气，又哭了，宝玉忙劝道：“你又自寻烦恼了，你瞧瞧，今年比去年越发瘦了，你还不保养，每天好好的，你必是自寻烦恼，哭一会，才算完了这一天的事。”黛玉拭泪道：“近来我只觉得心酸，眼泪却好像比旧年少了些的，心里只管酸痛，眼泪却不多。”宝玉说道：“这是你平时哭惯了心里疑的，岂有眼泪会少的！”

林黛玉自己也明白，自己的病是因性情所起，但是，她却没有为之做出改变，真是令人叹息。虽然，林黛玉各方面条件都不差，但是，父母都已经不在人世，自己又寄人篱下，心中未免有点自卑，这成为了其怨气的根源。在林黛玉身上所体现出来的特点是：既才华出众，却又多疑多惧。很多时候，她不懂得欣赏自己，自然就没有办法快乐起来，怨气越来越重，最终成为了一种病。前几年，林黛玉的扮演者陈晓旭因患乳腺癌去世，中医有这样一种说法：乳腺癌是因为气郁于胸。或许，是陈晓旭扮演林黛玉入戏太深，或许是天性使然，她的性格与林黛玉十分相似，因而也落得个香消玉殒的结局。

索菲亚·罗兰刚刚进入演艺圈时，制片商给予了善意的“建议”：“如果你真的想干这一行，就得把鼻子和臀部‘动一动’。”但是，肯定并欣赏自己的索菲亚却拒绝了这样的建议，她说：“我懂得我的外形和那些已经成名的女演员不一样，她们都相貌出众，五官端正，而我却不是这样，我的脸毛病很多，但这些毛病加在一起反而会更加有魅力，说实在的，我的脸确实与众不同，但是，我为什么要和别人一样呢？”索菲亚的自我欣赏与肯定并没有令大家失望，后来，她被誉为了世界上最具自然美的人。

启示

无论自己有着多么独特的缺点，都不要嫌弃它，我们需要以一种欣赏的眼光来看待，因为这个世界不需要大众化的美，而需要独特的美丽，在这一点上，每一个人都应该相信自己拥有一份与众不同的美丽。请学会欣赏与肯定自己吧，不要总是不好意思夸自己。

不要让付出成为习惯

在生活中，总有一些人默默工作，无私奉献，但这样的人往往不吃香，付出最多，但得到的怨言也最多。他为朋友两肋插刀，有求必应，偶尔有一次无法满足朋友的要求，便会落下不好的名声；恋人之中，视对方为生命，无限付出，可对方觉得天经地义，接受得心安理得。

因为习惯付出，一旦接受帮助成了别人的习惯，你的付出便成了天然的义务，你不再付出便会惹来骂名。因此，不要做老好人。比如在公司，努力工作本来是立身之本，自己在付出的同时，合理的报酬、奖励、升级、晋职也是应该得到的，付出需要回报，不要当埋头工作的傻瓜，属于自己的奖励也要争。

小瑶是一位善良的女孩子，她热爱帮助朋友，每当朋友提出什么要求，她总是尽自己最大的努力去帮助对方，从来不拒绝，也不会有什么怨言。所以，朋友有事情，定会马上向她求助，她渐渐成为朋友的拐杖。

有一次，小瑶还在公司上班，朋友打电话来，说自己忘记及时还信用卡账单了，现在还有一个小时了，但手中没那么多钱，希望小瑶能够帮助自己。小瑶二话不说，挂了电话就请假出去，急匆匆赶到银行帮朋友还信用卡账单。尽管后来朋友再三表示了感谢，但小瑶还是被老板说了几句。小瑶天真地想：为了朋友，付出点没什么。

渐渐地，朋友养成了习惯：失恋了，在电话里哭着向小瑶求助，于是，小瑶马上出去，随叫随到，不管是烈日炎炎，还是凌晨三点；工作不顺心了，电话打过来倾诉半个小时或者更长，小瑶总是耐心地听着，哪怕自己还在赶写文案；需要借钱了，朋友总是第一个打电话向小瑶求救，希望她能帮助自己渡过难关，这时小瑶会将自己身上所有的积蓄都借给朋友。

但是，小瑶有时候也会不开心：自己跟男朋友吵架的时候，打电话给朋友想诉诉苦，但朋友说“我在外面逛街呢，一会再说吧”；自己工作不顺心的时候，希望能跟朋友聚聚，朋友总是说“不好意思，我没时间”；自己经济紧张的时候，还没来得及向朋友开口，朋友就说“我最近手头比较紧”。

到头来，这段友情不过是小瑶自编自演的“深情”，因为习惯了付出，所以她总是无法拒绝朋友的请求，总是一次次心软。

为朋友两肋插刀是应该的，不过要看我们面对的是什么样的朋友。有些所谓的朋友喜欢占便宜，往往会利用我们的善良、心软，一次次把他的要求强加给我们。尽管我们在很多时候很无奈，但碍于面子还是会一次次满足对方的要求。

事实上，一味的索求就是变相勒索，由于自己付出成为习惯，朋友同事愿意找我们帮忙，找我们的人多了，就会成为自己的负担，常常令我们不堪其扰。这时我们应该反思自己是不是脾气太好了，是不是付出已成为一种习惯。一切的付出应该适可而止，对朋友也是如此。

薇薇刚刚大学毕业，她工作非常认真，对领导布置的工作，总是没有借口、马上行动，并且按时保质保量完成。平时与领导和同事相处，也总是谨言慎语，少说一句话，少做一些事，生怕得罪了领导和同事。领导吩咐什么工作，薇薇总是有求必应，恭恭敬敬，身边的同事都夸她做事稳重、踏实，工作努力，非常懂事。听到大家的夸赞，薇薇很感激，觉得自己遇到了和谐的团队、温暖的大家庭。

所以当同事们提出要求的时候，薇薇即便感到十分辛苦，却从来不会拒绝。办公室里经常听到这样的声音：薇薇，麻烦你帮我打印一下文件？薇薇，帮我去百货公司那边拿份文件？薇薇，我就知道你文笔最好了，这个报告帮我完成一下？有时候领导让同事加班，结果同事私底下就央求薇薇帮忙，脸皮薄的她也只能无奈答应下来。长时间这样，让薇薇养成了老好人的习惯，只要是同事和领导要求的事情，虽然心里不愿意，但还是答应下来了。

薇薇觉得自己在公司完全成为了一个没有主见的人，每次总想抱怨几句，但她总是说服自己，宁愿吃点亏也要博得同事的好评。然而，事情并不是这样，薇薇从一位同事那里得知，同事们背后纷纷议论自己努力工作是为了出风头。这一刻，薇薇感觉自己心都凉了。

当付出成为习惯，对自己对他人，都没有好处。在家庭中习惯付出，最终使亲情受损；在公司只付出不索取，最后影响自己的薪资、前程；友情中不讲原则地付出，最终影响两人之间的情谊；爱情中一味地付出，最后未必换来对方的真心，甚至落个难堪的下场。

过分付出是一种病，薇薇之所以这样，是对自己能力不够自信，她对自己的能力产生怀疑的时候，就会通过领导和同事的赞誉来获得成就感和安全感。同时，因为内心自卑，她不敢在公司说出自己的看法，永远都跟随着众人的意见。

许多刚刚入职的新人，他们在刚开始工作时都会丧失自信，觉得公司不需要自己，领导同事也不认可自己。这时新人可以尝试着与同事交流，让对方评价自己的工作情况，然后从中找到不足并改正，从而提升自信。

我们要在真诚地做自己和尊重他人之间找到平衡点，不要过于迎合他人。毕竟，每个人的成长背景、生活习惯都不同，有不同的想法和观点也是很正常的。人与人之间，也不会因为一个观点的不同就闹不和。

启示

难道拒绝对方就是犯错吗？不管是在工作和生活中，不要过于要求自己做一个完美的人，有时候说错话、做错事是很正常的，拒绝对方也是自己应有的权利，只要在这个过程中不断成长就好。

为什么内心会恐惧社交

有的人讨厌面对人群或害怕面对人群，他们会觉得恐惧、不好意思，对自己以外的世界有着强烈的不安感和排斥感。他们常常逃离人群，除了几个亲近的人之外，他们不愿意与外面的世界沟通。他们大多都有人际交往障碍，他们心里有很多苦恼：“我性格内向，不愿和别人交往，我挺烦的，怎样才能做一个善于交际的人呢？”“我是一个女孩，我想说的是，我无论和男的或女的说话时，都不敢看对方的眼睛，手一会儿挠头一会儿揣兜，不知道该怎么办。”“我太在乎别人对我的看法，和别人沟通时，我都会担心别人怎么看我，尤其是面对比较重要的人，我还有点自卑。”“我觉得我自己心理上有问题，很多时候很想跟别人聊天，但又不知道有什么好聊的，很多时候我很害羞，说话也不敢大声，我感觉自己好胆小好内向。”从这些心声中，我们可以看出他们中的大多数只是性格内向、不善于交际，或是不懂得社交的艺术，而导致在社交过程中出现不适，而并非他们不愿意与人交往。

艳艳17岁了，是一所普通高中二年级的学生，爸爸和妈妈都是大专毕业，在机关工作，家族都没有精神疾病的历史。因为家里就她一个孩子，全家人对她都很疼爱，不过，她爷爷对她要求严格，希望她将来可以做出一番大的事业。艳艳从小就很腼腆，不喜欢说话，家里来陌生客人了，她也是经常躲而不见。在整个小学和初中时期，她都没什么朋友，平时不上课就窝在家里。

但现在艳艳读高中了，她开始寄宿在学校了，因此感觉到很多事情不顺利，她很苦恼，常常向妈妈抱怨，一副不知所措的样子。前不久，艳艳在学校中发现一个男生无意中用余光瞄了一下自己，她就觉得对方在警告自己。从此，她更害怕与人打交道了，尤其是遇到异性，她就很紧张，注意力无法集中，学习没有效果。后来，严重的时候，发展到与同性、与老师都不敢有视线接触。她常常对妈妈说："妈妈，我很痛苦，好苦恼，可又不知道该怎么办。"

在青春期，性格内向的孩子们很容易患上社交恐惧症，严重的还会产生心理问题。一个人生理和心理在青春期都会发生巨大的变化，如果在这一阶段遇到心理问题，没有解决好，就很可能影响他将来的升学、求职、就业、婚姻等一系列社会化进程。

社交恐惧症患者无法主动走出自我的世界，也不愿意加入人群。他们只要在人多的地方就会觉得很不舒服，总害怕别人在注意自己、担心自己被批评。实际上，他们一切行为都源于内心的恐惧，一旦内心的恐惧消失了，他们就会慢慢变得自信起来。

在家里，有可能你所能接触到的就是自己的家人。即便是一起工作的同事，有的也只是打过照面，没有真正接触，更别说成为朋友了。而公司举办的一些有意义的集体活动恰好为你提供这个机会，在活动中，你可以认识更多的朋友，相应地，也拓展了你的交际圈子。

如果要突破自己的交际恐惧，那就需要走出家门，尽量与他人交往。在与他人的交往中，学会遵守共同的规则，学会了交往，学会了尊重别人的权利。而且，从其中还可以学到如何与人合作，如何交朋友。

有的人比较羞涩，性格内向，他们的交际能力较差，像这样的人更应该参加一些有意义的集体活动。在活动中，气氛比较热烈，能够激起大家聊天的欲望，如此的话，能够有效地锻炼你的交际能力，提升你的口才水平。

美国前总统奥巴马总是面带微笑自信地走向大家，然后花一段时间向在座的人介绍自己，他一切的行为都令他看起来非常自信，极具总统范儿。假如一个人总是低着头走路，等待着别人来和自己打招呼，就很容易被身边的人忽视。

启示

社交恐惧症患者应该明白在交际场合是没什么可怕的，即便出现了最糟糕的场景，当我们将一切可能发生的最糟糕的情况列举出来，可能就会发现其实也没什么大不了的。所以，让自己冷静下来，参与社交，没什么可怕。

第2章

每个人都有一双隐形翅膀

人生漫漫，在前进的旅程中，我们都要找准自己的位置，在生活这片蓝天里，给自己准确定位，让自己驰骋在最适合的领地。不要害怕去尝试未知的旅途，不要害怕失败，因为每个人都有一双隐形翅膀。

因为喜欢，所以做得更好

当某个人因为兴趣且将满腔热情都投入这件事情的时候，她极有可能在这个领域将自己的潜能发挥到极致。这就是兴趣的魅力所在，因为喜欢，所以可以做得更好。通常在越感兴趣的事情里，人越能发挥自己的天赋，越能做得持久。同时，兴趣与热情同在，人一旦有了热情，不但动机坚定，连做事效率也会提高。

科学研究表明，人一旦对某活动产生了兴趣和热情，就能提高这种活动的效率。古今中外许多科学家、发明家取得伟大成就的原因之一，就是由浓厚的兴趣产生了强烈的求知欲望。“兴趣是最好的老师。”对人类作出杰出贡献的大科学家爱因斯坦的这句至理名言被许多教授在课堂上引用。任何一个有所作为的人，在他们的成才历程中，兴趣都对他们起到了巨大的、不可替代的作用。

因为喜欢，人们往往把事业做得更好。

住在比华利山庄的百岁老人米歇尔曾经是美国加利福尼亚州的一位普通的农妇。她在71岁时因患类风湿关节炎而放弃农作，之后开始学习画画；80岁时在洛杉矶举办个人画展，轰动全国；102岁辞世时留下1500幅作品。做自己喜欢做的事情，哪怕你已经到了米歇尔的年纪。

还有一位莱恩斯女士，她是一名乡村医生，尽管这份职业不错，她却一直为此苦恼。其实，她并不喜欢从医，而是喜欢写作。但是，命运却阴差阳错地使她成为一名医生，她现在做着一份不喜欢的工作，非常苦恼，如今她已经35岁了，但她竟然萌发出一个想改行写作的念头，可是是否年纪太大了，对于追逐梦想太晚了？后来，她听从朋友的建议：做自己感兴趣的事，哪怕你已经70岁。莱恩斯立即决定放弃医生这个职业，转行开始写作。一晃十年过去了，如今那位曾经的乡村医生已经出版了几十本图书，在报刊上发表了千余篇文章，她现在已经是小有名气的作家了。

一个人在事业上取得的成就大小与兴趣是有很大关系的。如果你做自己一直喜欢做的事，你的内心便会充满愉悦与快乐，你会发自内心地去追求，自动自发地完成每一个目标。要想建筑成功的大厦，就必须有先天的或经后天培养而成的兴趣基础。有了兴趣，才有可能培养和形成敏锐的感觉与反应，累积可供运用和发挥的技术与技巧。有了兴趣，才有无穷的动力使你在某个领域当中越钻越深。有了兴趣，才有勤奋，有了勤奋，才成就了辉煌和成功。

只要你感兴趣，那就义无反顾地去尝试吧。人的一生有太多的等待，在等待中，错失了许多的机会；在等待中，白白浪费了宝贵的光阴；在等待中，由一个英姿勃发的少年，变为碌碌无为的中老年。我们还在等待什么？选择去尝试，不要让自己在原地踏步。

人生就是如此，只要你迈步，路就会在脚下延伸。只有启程，我们才会向理想的目标靠近。无论你的梦想和目标是什么，这些都只是你成功的开始，更主要的是立即开始行动，从而实实在在地看到成功的希望。这一点被许多人所忽略，其结果都是以失败告终。

其实，大部分人都可以明确自己的兴趣爱好，不过真正能坚持且在某个领域里脱颖而出，确实并非易事。这里有几点建议送给大家：首先，那些社会、家人和朋友们都认可或看重的事情，或许并非是你的爱好，毕竟兴趣是你自己喜欢的事情；其次，不要简单地认为有趣的事情就是自己的爱好，而需要作出认真的分析，比如大多数人喜欢玩游戏，但并不意味着每个人都会从事游戏开发工作；最后，不要在一些误以为感兴趣的事情上发掘自己的天赋，而是要寻找自身天赋与兴趣的最佳结合点。如果你渴望成为模特或歌手，但以自己身材高挑、却五音不全的客观条件，你更适合成为一名模特。

你对自己的兴趣迷茫过吗？

有人曾说过："我花了32年的时间去寻找自己的兴趣，发掘自己的长处，而我的人生职业开始时也不过是个小职员，这没有什么可耻的。"乔治·华盛顿起初不过是个验货员，威廉·萨默塞特·毛姆写作前读的是医学，但最终他们都找到了自己感兴趣且能发挥自己极致潜能的事业，一举走向成功。这些成功者以亲身经历告诉我们，一个人也可以同时拥有很多兴趣。比如我，这么多年，我喜欢帮助别人、管理学、演讲和写作……兴趣是可以适当改变的，没有必要把某个兴趣当作自己最后的目标，也不要随意放弃自己的兴趣。

启示

学会开阔自己的视野，接触一些新鲜的领域，说不定你的兴趣就在于此。所以，请不要因为自己外在的条件而被动选择设定好的人生，也别为暂时的迷茫而感到毫无兴趣。努力去尝试，只要你自己喜欢，哪怕你已经到了米歇尔的年纪，哪怕你才开始，一旦你选择了做自己喜欢的事情，就会将内在的潜能发挥到极致。

你能做到的，远比想象中更多

生活中，人们常常会模糊自己真实的内心，习惯于在心里给自己设限，不仅无法释放潜能，反而会产生一种挫败感，导致最后还没有翱翔于蓝天就落地了。如果习惯了自我设限，那么心就会失去向上生长的动力，只能在被束缚的范围里挣扎、无助。

不管你们遭遇了什么样的挫折，都不要随意地否定自己，否定自己就意味着扼杀自己的潜力和欲望。许多人不敢去追求梦想，不是梦想太远，而是因为他们心里已经默认了一个“高度”，而这个高度常常使他们受限，以至于他们无法看到未来确切的努力方向。

每个人身上都隐藏着巨大的、无限的潜能，简单地说，你所能做到的事情远比你想象的要多很多。许多人总是以自卑的心态来估量自己的能力，总认为自己的能力不够，怯于尝试，导致自己潜在的能力无法真正得到发挥。当然，这是大多数人无法释放自己潜能的确切原因。

在生活中，许多人不敢追求成功，原因并不是追求不到成功，而是他们在开始追逐之前就在心里默认了一个“高度”，这个高度的存在常常使他们暗示自己：成功是不可能的，这个是没办法做到的。“心理高度”成为了人们无法取得成功的根本原因，自我设限是一件很悲哀的事情，所以，我们要将成功的信念注入血液之中，不断地告诉自己“我能行”“我努力就一定能成功”“我是最优秀的”，不断增强自信心，勇于向成功奋进。

邦妮进入大学后，非常喜欢垒球运动，于是她报名参加了学校的垒球队，然后与许多同学一起接受严格的垒球训练。有一天，教练安排同学们站成一排，互相之间练习击球。同学们都发挥得很好，不过邦妮却没那么幸运，她总是没办法击中目标。看着邦妮笨拙的动作，同学们议论纷纷：“她或许是来错了地方。”听到这样的声音，邦妮非常懊恼，为了不拖累同学们，她主动请求离开球队。

不过，对于邦妮的请求，教练却置之不理，他只是对邦妮说：“我想是手套出现了问题，你并没有什么问题。”第二天，教练给邦妮带来了另外一副手套并鼓励她："这副手套曾经帮助我赢过不少比赛，戴着这一副神奇的手套，你肯定会成为最棒的队员。"邦妮对教练的话深信不疑，经过一学期的训练，她果然成为了最棒的队员。

邦妮的成功，看似取决于那副神奇手套的力量，不过显而易见，手套并不会具备如此的魔力。当邦妮接过教练手套的那一瞬间，她就已经完成了突破自我设限，她相信神奇的手套会带给自己成功，变得更坚信自己。在教练的鼓励下，她扩大了自己原本设定的能力范围后，重新拾起信心，通过努力成为了最棒的队员。

许多人在面对挫折与困难的时候，心底都会传出这样的声音：我做不到的。自己束缚了内心，最终，他真的没有做到。一旦一个人自我设限，并且一直认定自己就是个什么样的人，他就是在否定自己，他甚至不会自我挑战，只想任由自己一直如此下去，而这终将导致自我毁灭。

其实，"我做不到"是一种逃避的心态，在还没有开始之前，他就先被打倒了，如果人生始终保持这样的逃避心态，那么，将会为自己留下许多难以弥补的遗憾。因此，人们应该突破内心的束缚，当心中开始恐惧的时候，应该大声对自己说："你一定能做到的。"不断地暗示自己，释放出真实的力量，从而获得最后的成功。

俄国著名戏剧家史坦尼斯拉夫斯基在排练一场话剧时，女主角临时受伤不能参加演出。由于时间很紧，史坦尼斯拉夫斯基决定让身边的姐姐来扮演这一角色。姐姐也是一名话剧演员，不过从来没出演过主角，内心自卑而又紧张的姐姐在排练时表现得非常糟糕。史坦尼斯拉夫斯基尽管有些不悦，但他还笑着鼓励姐姐："别担心，其实你可以表现得更好。这次你是话剧的主角，你要相信我的眼光，同时更相信自己的能力。"这时全场响起了掌声，大家都在为姐姐鼓掌加油。

姐姐大受鼓舞，坚定地说："我一定会演得很出色！"在接下来的表演中，姐姐不再像之前那样的自卑、羞涩、拘束，表现得非常自信。结果，这部话剧大获成功，史坦尼斯拉夫斯基幽默地对姐姐说："话剧舞台上又多了一位大艺术家。"

史坦尼斯拉夫斯基的姐姐演出成功，全是因为受到弟弟的鼓励而突破了自我设限，使得积聚在她身上的表演潜能迸发出来。当你能学会释放真实的自己，突破自我设限，你才会找准人生的方向。

有人这样种南瓜：当南瓜只有拇指大的时候，就把它装在罐子里，一旦它渐渐长大，就会把罐子内的空间占满，等到没有多余的空间了，而南瓜则会停止成长，于是，南瓜就一直维持在罐子里的那种形状了。我们的心就如同南瓜一样，当它习惯了自我设限，在被束缚的范围里就不能自由生长，它会逐渐失去向上生长的动力，只能在原地徘徊。

启示

其实，束缚是源于内心的不确定或者不自信，当我们能够坚定告诉自己“一定能行”，从内心深处建立起强大的自信，这种不确定或者不自信的束缚将会消失，而释放出真实的自我。所以，在人生前进的路上，不要忘记告诉自己“你一定能行的”！

劣势与优势之间，只差一个角度

别人借我们过去所做的事判断我们，然而我们判断自己，却是凭将来能做些什么事。一个人名声的好坏、能力的高低，是别人根据事物的外表下的定义，根本就不是这个人的本质，自己真正的能力，只有自己心里最清楚。而我们所缺乏的就是自我认知的能力。

我们需要拥有全面认识自己的能力，全面认识既包括优点也包括缺点。一旦无法真正地认识自我，将导致内心自负或自卑等心理，最终这些负面的心理会影响到一生的发展。通过认知自己到孕育自己，这是一个美好的人生历程。

自我认知是一种严谨的人生态度，自信而不自满，无论是春风得意还是失败困惑，我们依然保持最平常的心态。拿破仑一生战功赫赫，但在晚年却遭遇了“滑铁卢”的惨败，此时他依然贪恋富贵，企图复辟王朝，最终在绝望中死去。准确地认知自我，在于认清自己的优势与劣势，发挥优势，避开劣势，合理规划，有助于帮助自己找准人生。

只有清楚地认知了自己，才有可能获得成功的人生。然而，一个人最难认知的就是自己的内心，最难以回答的就是：我是谁？我想要的生活是什么样的？不过，当你清楚地认知了自己，就能够在这个世界上找到最基本的出发点，就能够去善待他人。

大多数人对自己都还没有足够而清醒的认识。认识自我是一个严肃而漫长的过程，人的一生就是不断审视自己的过程。个性就是差别，差别就是创造。

23岁的村上夏子进入日本利多保险公司，开始自己的职业生涯，她迫切地希望能在保险行业施展拳脚。不过，刚开始进入公司村上夏子业绩比较差，一个月也签订不了几份订单。

有一次，村上夏子向一位老者推销保险。在经过详细的介绍之后，老者一脸平静："你介绍完了吗？不过我并不想买保险。"听到这样的话，村上夏子有些失落，她打算离开向下一个顾客推销保险。这时老者叫住了她，说出自己的建议："姑娘，不管出于什么样的理由，诸如我们今天这样面对面聊天是很常见的事情。不过，你需要具备强烈的魅力，如果不具备，那你将无法留住你的顾客。"村上夏子感到很疑惑，不过却无言以对。老者继续说："年轻人，如果你想培养这种魅力，那不妨先认清自己，找出自己的优势。"这样的话让村上夏子很感兴趣，她又重新坐下来，听老者说话。老者拍了拍她的肩膀，说："你在向别人推销保险之前，要先看清自己，挖掘出自己的优势，然后用这些闪光点来吸引对方。"

村上夏子向老者请教："那么，我该如何做才能成功呢？"老者笑着说："当你客观地注视自己，全面而又彻底地认清自己，挖掘并放大身上的每一个闪光点，那么你就具备强大的吸引力了。"

老者的话让村上夏子很受启发，甚至改变了她的一生。尽管她推销保险并没有获得成功，不过她却收获了比保险更有价值的东西。认清自己，找到自己的闪光点，这是村上夏子需要做的事情。从此，村上夏子在推销保险时融入了自己的个人魅力，她身上也迸发出了更强烈的魅力，最后她如愿成为了日本保险界的推销大师。

在这个世界上，每个人都是精彩的，世界也会因每个人的与众不同而精彩。我们应尊重自己的个性，并因此而自豪。我们不用总是羡慕他人的才能，也不必埋怨自己的平庸。每个人都有自己与众不同的闪光之处。对自身的不准确认识，不论是过高估计还是妄自菲薄，都会影响我们能力的发挥。影响一个人取得成功的因素有很多，比如机遇、环境、心态、努力等。不过，还有重要的一点不容忽视：成功最终需要靠人的自身优势。

萨丽是美国一家上市公司的副总裁，听到这样的头衔，你肯定会对她的学历有诸多猜测，甚至认为她肯定毕业于名牌大学一流专业，拥有无数的实战经验。但是，我需要告诉你的是，萨丽只有高中文凭。她所经历的一切，是一部传奇。现在，我就给大家讲讲她的故事。

萨丽21岁那年，决定到德州一家公司应聘一份推销员工作。不过，由于该公司是美国著名企业，薪水高，所以有许多人慕名而来，其中还有很多名牌大学毕业生。面对这些学历高过自己，工作能力也有可能高过自己的对手们，萨丽并没有灰心，她相信自己有可取之处。

但是，就在面试时，所有的人都面试完了，萨丽却始终没有听见自己的名字。最后，坐不住的萨丽主动走进办公室，询问情况。负责面试的四位主考官准备离开，萨丽说明了情况，其中一位主考官礼貌地告诉她："你的简历我们看过了，我们觉得以你的文凭无法胜任这份工作，而且我们已经找到合适的人选了，还是请你另找其他工作吧。"

听到这样的话，萨丽依然不放弃，她恳求考官可以自己一次机会。同时，萨丽拿出许多自己在学校里参加演讲比赛的获奖证书给考官们看，主动推销自己："尽管我没有上过大学，但我也有许多优点，比如我出色的口才，我想这是成为一名推销员应该具备的基本能力吧。"考官们面面相觑，萨丽开口请求主考官让自己进入公司实习，不拿工资也行。最终，她说服了考官们，成为了公司的实习生。

在实习期间，萨丽认真学习业务知识，空闲时刻就对那些潜在的客户进行寻访，努力说服他们与公司合作。没想到短短一个月下来，萨丽创造了公司新人推销业绩的新纪录，成为了公司的正式员工。

萨丽拥有出色的口才，这对她的销售工作无疑是如虎添翼。几年后，这位仅有高中文凭但口才出众的职员晋升为经理。后来，她成立了自己的公司，而且公司在她的发展下也日益壮大。

成功者总是能找出自己的闪光点，且将此发挥到极致，所以才成功。认知自我是一种胜不骄败不馁的从容，需要冷静的思考，这样才有机会赢得最后的成功；认知自我是一种高度自立的洒脱的生活方式，看清生命的本真，创造出属于自己的人生价值；认知自我是一种高度负责任的反省，将勇气与真诚注入自己的言行中，认清前面的方向。所以，剖析内心，在忙碌之后不忘与自己进行一次深入的交谈，从而拥有自我认知的能力。

启示

你有发现自己身上的闪光点吗？永远记住，每个人身上都是有闪光点的，只是有些人还没找到而已。如果你希望可以就此对自己人生进行合理的规划，准确定位自己的人生，又或是希望能赢得事业上的成功，那不妨先认清自己，立足闪光点发展，因为你的不同会让这个世界更精彩。

有梦想的人，生活总是火热的

那些大凡作出巨大成就的人，他们都知道自己想成就的是什么。他们绝不像太平洋中没有指南针的船只一样，随波逐浪。成就梦想，定下目标是第一步，然后思考：如何达成自己的目标。这道理听起来好像老生常谈，令人惊讶的是，许多人都没有认清：为自己制定目标以及执行计划，是唯一能超越别人的可行途径。

一个人能有什么样的梦想，他就能成就什么样的人生。他们将梦想转化为目标，努力奋斗着。当然，也有不少人问：“我也有梦想，但是为什么我感觉自己的人生离梦想越来越远呢？”其实，如果你无法将梦想转化为目标，那你只会离这些梦想越来越远。

一个没有受到献身热情所鼓舞的人，永远不会做出什么伟大的事情。我们一旦失去了目标，就意味着失去了人生的推动力，失败必将来临。当然，在追寻梦想的过程中，我们应该有自己的立场，因为我们的生命不需要被保证。

那些梦想着走出沙漠的比赛尔人，因为缺少目标，所以离梦想越来越远，以至于他们的梦想失去了意义。每个人的行为都是有目的性的，一般来说，没有目的性的行为是很难成功的。有可能你想成为一名政治家、一名流行歌手、一名将军……但是，生活中没有目标的人就是可怜的糊涂虫，他们永远没有办法找到成功的途径。

人生的精彩源于梦想的精彩，目标的高度将决定成就的高度，其实，我们每个人都是自己命运的设计师。人生的道路该如何去走，向着什么方向去走，最终要达到什么样的目标……所有这些问题都应该是我们自己的立场，而不需要被别人保证。

一个人无论现在多大的年龄，其真正的人生之旅，是从设定目标那一天开始的，之前的日子，只不过是在绕圈子而已。要想获得成功，我们就必须拥有一个清晰而明确的目标，目标是催人奋进的动力。

如果你缺失了目标，即使每天你不停地奔波劳碌，却还是无法获得成功，而成功者之所以能轻松地走到终点，那是因为他们的目标明确。

如果我们失去了自己的立场与目标，那么一生也不会有什么大的作为。梦想成就人生，梦想造就成功，但如果仅仅把梦想停留在脑海里，不会将其作为一个目标而仅仅是一种对未来的憧憬，那梦想也只会成为幻想而已。

从小，夏柘智慧就聆听父亲的教诲：梦想成就未来，梦想造就成功。所以，她深知梦想的重要性，在夏柘智慧十多岁的时候，她就可以大胆地跟陌生人说自己的梦想："您好，我是夏柘智慧，我的梦想是成为日本知名的企业家。"许多人听到这样的话，会莞尔一笑，这不过是一个十多岁孩子的梦想而已，当然不会成为现实。

渐渐地，夏柘智慧意识到实现梦想必须有清晰的目标。于是在她19岁时，她将自己的梦想化为一份清晰的目标：

在30岁以前，拥有属于自己的公司，出人头地；

在40岁以前，至少拥有500亿日元的资产；

在50岁以前，拥有庞大的事业；

在60岁以前，事业成功，家庭幸福；

在70岁以前，把企业交给接班人，享受晚年之乐。

在以后的日子里，夏柘智慧坚持目标，为实现目标与梦想而努力奋斗。那些清晰可见的目标不仅仅贴在墙上，还贴在了夏柘智慧的心上。日复一日，年复一年，夏柘智慧以自己的实际行动践行着对梦想的追逐，当然，她最终实现了儿时的“痴心妄言”，成为日本出色的企业家。

目标不仅仅是奋斗的方向，更是一种对自己的鞭策。有了以梦想为基准的目标，我们就有了生活的热情，有了积极性，有了使命感和成就感。有清晰目标的人，他们的心里感到特别踏实，生活也很充实，注意力也随之神奇地集中起来，不再被许多烦恼的事情所干扰，他懂得自己活着是为了什么，所以，他的所有努力都是围绕着一个比较长远而实际的目标进行，步步走向成功。

千万不要忽略目标的力量，它会是你实现梦想的一个跳板。一个没有目标的人就像是一艘没有舵的船，永远过着飘泊不定的生活，只会到达失望和丧气的海滩。

启示

为什么许多人即使付出了艰辛的努力，但还是无法成功？其实，这是因为他的目标总是模糊不清或者根本没有实际可行的目标。在生活中，一旦将梦想视为目标，也就产生了前进的动力，人生也有了清晰的方向。

有了目标，带着梦想即刻出发

拖沓对于成功来说，是一个讨厌的绊脚石，拖沓的习惯阻碍目标任务的完成。所以，要想获得成功，就需要向目标立即奋进，拒绝拖沓。

曾有人问一个做事拖拉的人："你一天的活是怎么干完的？"这个人回答说："那很简单，我就把它当作明天的活。"这就是拖沓的习惯，其实，拖沓岂止是把昨天的活拖到今天来干。有人给拖沓下的定义为：把不愉快或成为负担的事情推迟到将来做，特别是习惯性这样做。

生活中浪费时间，做一件事也需要花很多时间来思考，担心这个或担心那个，或者找借口推迟行动，但最后又为没有完成目标任务而后悔，这就是"拖沓者"典型的特点。

卡尔维思女士是一个为了目标立即行动、拒绝拖沓的人。她从学校毕业后也曾有一段时间沉浸在对人生的迷茫之中。她希望找一份坐办公室的工作，不过因为没有任何工作经验，所以找工作对她而言不容易，最后她竟然没找到一份工作。

尽管如此，她还是停不下自己对未来生活的幻想。她也希望自己有一天能住进洋房，开着汽车，过着幸福的生活，或许这就是终极人生目标吧。不过，每次从幻想中醒来，看清窘迫的现实，卡尔维思又觉得那些梦想的生活是多么得遥不可及。矛盾、焦急而又渴望的心情交织在一起，卡尔维思又在家里呆了整整三个月。母亲实在看不下去了，对她说："不如你到外面去走走吧，在家里只会徒增烦恼，而且没有任何出路。”她听从了母亲的劝告，又向许多家公司投了简历，结果依然被十几家公司拒绝了。最后，无奈的卡尔维思只得在一家餐馆当了一名服务员。

服务员的工作是相当累的，一般人根本无法坚持下来。即便迫于生活从事了这个行业，这些人每天也是懒懒散散，很快卡尔维思也成为了他们其中的一员。尽管过着浑浑噩噩的生活，但她依然幻想着自己出人头地的一天。就这样，卡尔维思在餐馆里度过了毫无收获的一年。

这时餐馆的主管退休了，卡尔维思觉得这是个好机会，她向老板主动推荐自己。不过，老板毫不犹豫地拒绝了她，并说她根本毫无作为。听到这样的话，她感到很生气，对老板也产生了怨恨，工作日子继续得过且过。

有一天，卡尔维思刚刚到达餐馆，就有同事告诉她，说她负责的几张桌子有客人打起来了。听到这个消息，卡尔维思也不知道怎么办，感觉自己真的好无用。无奈之下，她只得向老板说明了情况，并等着被责骂。令她没有想到的是，老板只是平静地对她说：“你不是很想当主管吗？但是就我一直以来对你的观察，发现你根本没有任何的积极行动。如果你还想坐上主管的位置，那就立即去处理这件事情。”听到这样的话，卡尔维思感觉到安慰，一扫心中的忧虑和恐惧。她去了大厅，询问了情况，经过一番耐心沟通之后便解决了问题。

通过这件事后，卡尔维思明白了一个道理：人有了目标之后，唯有积极行动起来，才能实现目标。从这以后，她不再拖沓，不再偷懒，不再幻想，而是把所有的人生目标化为实际行动。

因为改变了态度，所以改变了人生。在短短两年之内，卡尔维思晋升为餐馆的副经理。后来，她开始自己开办饮食公司，并逐渐开拓了自己伟大的事业。

有人对卡尔维思的成功也充满了好奇：“卡尔维思女士，许多人都感到惊讶，为什么你能在短时间内获得如此巨大的成功？我希望能从你这里获取一些成功秘诀。”她说：“我并不觉得成功有什么秘诀，假如非要说的话，那我认为秘诀就在于有了目标后积极行动，而非停留在思想上。积极行动是成功的基础，假如总是计划而不行动，最终会一事无成。所以，我总是培养自己的主动性，有了目标，立即行动，最终实现目标。”

为了完成既定目标、提高自己的工作效率应该立即行动。即每天早上要做的第一件事情，应是对你来说最重要的那件事情，并使之成为一种习惯。这样时间久了，自然就能克服拖沓的毛病。大量的研究表明，那些成功人士身上最显著的共性是“说做就做”。一旦他们有了明确的目标，就会立即展开行动，一心一意、持之以恒地完成这项工作，直到完成目标为止。

启示

通常来说，一个人成就的大小取决于他做事情的习惯，克服偷懒和拖沓是做事情的一个重要原则。我们要想完成既定目标，取得成功，就应该培养做事积极行动的习惯，通过不断的学习、重复来形成习惯。只要养成了这个习惯，“完成目标，马上行动”就会成为一件自然而然的事情。

第 3 章

无论输赢，你都要敢于尝试

人生就是如此，只要你迈步，路就会在脚下延伸。只有启程，我们才会向理想的目标靠近。无论你的梦想和目标是什么，这些都只是你成功的开始，更主要的是立即开始行动，从而实实在在地看到成功的希望。这一点被许多人所忽略，其结果都是以失败告终。

只要你尝试迈步，路就在脚下延伸

人人都能下决心做大事，但只有少数人能够果敢地去尝试，也只有这少数人才是最后的成功者。有不少这样的人，他们并非不知道行动的重要，但是迟迟不愿意行动，结果又产生负疚感，造成意志瘫痪。很多情况下，人们与其说是因为恐惧而不去行动，不如说是因为不去行动而导致恐惧。许多事情的难度都由于我们的犹豫加大了。勇于尝试需要一种开拓进取的精神。鲁迅先生曾经说过，其实地上本没有路，走的人多了，也便成了路。所以他十分赞赏“第一个吃螃蟹的人”，那些在人类前进道路上披荆斩棘的人。

贝尔在试制电话机时，感到有关问题还没有把握，便去向著名物理学家约瑟·亨利请教。贝尔谈了自己的设想，然后恳切地问：“先生有何见教？”“干吧！”亨利回答说。

贝尔不安地说：“可是，先生，我对电的知识知道得很少呀。”“学吧！”亨利又简短的回答。电话机试制成功后，贝尔激动地说：“如果不是亨利先生的两句话的鼓励，我是不可能发明电话机的啊！”

当年，迪士尼为了实现他心中的梦想，不断地呼吁建造一个乐园，可是当时有非常多的人反对他，有的人担心会对环境产生影响；有的人担心他的资金有问题；有的人甚至怀疑他的头脑有问题；有的人说政府不会批那么大的一片地，可是迪士尼不断地去想各种各样的方法。资金方面有问题，他跑了143次银行。他积极地寻求各方面资源的支持，最后，他梦想中的乐园——迪士尼乐园，终于在美国开始兴建，到现在，被复制到世界各地。

人生需要选择，需要你果敢地去拼搏，去行动，去做自己该做的事情，哪怕你很畏惧，哪怕你很犹豫，但如果摆在你面前的路是正确的，你就要立即行动起来。

人的价值，不光是在取得非常成就时才显现的，具有尝试精神的人，他的人生，也会丰富多彩，熠熠放光。经过尝试，我们会发现自己具有取之不竭的智力潜能，会发现生命中潜藏着许多连自己也无法想象的能力。如果不去尝试，这些能力永远也没有机会大放异彩。尝试，是铸造卓越与杰出人生的一种方式，是事业成功的一条重要途径。

年轻常常与冒险为伍，你是否有过冒险的经历呢？许多年轻人在大学毕业后靠着家里的关系进了国企、民营企业，拿着一份不菲的薪水，每天过着擦桌子看报纸的安逸生活。尽管生命还有很长的一段路，但他们却早早地过着衣食无忧的生活。或许，这是上天的眷顾，然而，这也是上天的考验。太年轻就选择停滞不前，人生最终也不过如此。年轻人就应该富有冒险家般的精神，大胆创业，即使失败了也可以重来。

私营企业领军人物，新希望集团总裁刘永好，曾是四川省机械厅干部学校讲师。在他还没有创业时，他也是一个生活不是很富裕的人，后来，他与几位兄弟相继辞去公职，卖掉自己的自行车、手表等一切值钱的东西，凑足1000元人民币，到川西农村创业，办起良种场。

万事开头难，刘氏兄弟的第一笔生意差点就让良种场夭折。当时，资阳县一个专业户向他们预订了10万只良种鸡。种种原因，对方后来只要了2万只，剩下的8万只鸡怎么办？打听到成都有市场后，他们连夜动手编竹筐，此后四兄弟每日凌晨4点就开始动身，先蹬3个小时自行车，赶到20公里以外的集市，再用土喇叭扯起嗓子叫卖。等几千只鸡卖完，拖着疲惫的身子蹬车回家时，早已是月朗星疏了。这样，十几天下来，四兄弟个个掉了十几斤肉，但所幸的是8万只鸡苗总算全脱手了。

回顾这段经历，刘永好说，为了创业我投下了一切赌注，如果干不下去，我的公职、财产将一无所有，所以再苦再难，也要往前走。无论再艰辛，压力再大的事儿，只要沉下心来去做了，这一关就总能挺过来。

我们应该给自己一片没有退路的悬崖，大胆创业。从某种意义上来说，正是给自己一个向生命高地发起冲锋的机会。当一个人面临后无退路的境地，人才会集中精力奋勇向前，从生活中争到属于自己的位置。出路还没打探明白的时候，就先开始筹划退路，这势必会影响我们开拓新生活的冲劲，进三步退两步，很难有根本性的改变。

创业是一切成就的起点。只有确立了前进的梦想，年轻人才会最大可能地发挥自己的潜力。不仅仅是梦想，更需要行动起来，只有在实现梦想的过程中，我们才能够检验出自己的创造性，调动沉睡在心中的那些优异、独特的品质，才能锻炼自己、造就自己。爱因斯坦曾说：“想别人不敢想，你已经成功了一半。做别人不敢做的，你会成功另一半。”

创业，最重要的就是勇敢尝试，敢于不计后果，不要过多地顾虑，敢于想到什么就马上去实践，哪怕有时需要承担一些风险，也要勇敢地去尝试创业。假如说尝试创业就有可能取得成功，那不敢去尝试，就永远也尝试不到成功。

启示

成功是没有秘诀的，敢想敢做，给自己定一个创业目标，然后努力，全身心努力，总会有收获。敢想可以使一个人的能力发挥到极致，也可能逼得一个人贡献出一切，排除人生道路上的所有障碍。年轻人千万不要抱怨自己运气不够好，因为唯有行动才能够改变自己的命运。行动就是力量，十个空洞的幻想不如一个实际行动。

实现目标，关键在于及时行动

约瑟夫·墨菲说：“决定你命运的绝不是才能，更不是环境和外在条件，而是你的思考方式，即你的想法。”从现在起，想象自己成为什么样的人，然后让这种“心想”成为一种习惯，在潜意识强大的力量之下，自己真的会成为想象中的人。你想成为什么样的人，就努力去成为这样的人；你想成就什么事业，就马上去行动。为什么不呢？因为年轻就是资本。

在很多时候，我们都有着自己的想法：希望自己将来能像松下幸之助一样成为获得巨大成功的实业家，希望进入自己梦寐以求的公司，谋得一个称心如意的职位等等。但是，最终，有的人能够实现自己的愿望，收获成功的人生；而有的人却不管怎么努力都达不到自己的理想，过着不幸福的日子。

阿尔伯特·哈伯德出生于美国伊利诺州的布鲁明顿，父亲既是农场主又是乡村医生。年轻时的哈伯德曾在巴夫洛公司上班，是一名很成功的肥皂销售商，但是，他却对此感到不满足。1892年，哈伯德放弃了自己的事业进入了哈佛大学，然后，他又辍学开始到英国徒步旅行，不久之后，哈伯德在伦敦遇到了威廉·莫瑞斯，并喜欢上了莫瑞斯的艺术与手工业出版社。

哈伯德回到美国，他试图找到一家出版社来出版自己的那套《短暂的旅行》的自传体丛书，但是，他没有找到任何一家出版社。于是，他决定自己来出版这套书，他创建了罗依科罗斯特出版社，哈伯德的书出版之后，成为了既高产又畅销的作家。随着出版社规模的不断扩大，人们纷纷慕名而来拜访哈伯德，最初游客会在周围的旅店住宿，但随着人越来越多，周围的住宿设施已经无法容纳更多的人了，哈伯德特地盖了一座旅馆，在装修旅馆时，哈伯德让工人做了一种简单的直线型家具，而这种家具受到了游客们的喜欢，哈伯德开始了家具创造业。哈伯德公司的业务蒸蒸日上，同时，出版社出版了《菲士利人》和《兄弟》两份月刊，而随后《致加西亚的信》的出版使哈伯德的影响力达到了顶峰。

有人说，阿尔伯特·哈伯德拥有无比传奇的一生，他之所以能在多方面都能获得成功，在于他从来都是想做就做，不断地朝着自己的一个又一个目标而努力奋进。阿尔伯特·哈伯德是一位坚强的个人主义者，一生坚持不懈、勤奋努力地工作着，成功对于他来说是理所当然的。在《致加西亚的信》中，阿尔伯特·哈伯德讲述了罗文送信这样的情节："美国总统将一封写给加西亚的信交给了罗文，罗文接过信以后，并没有问：'他在哪里？'而是立即出发。"犹豫、拖沓的生活态度，对许多人来说已经是一种常态，要想成为罗文这样的人，我们就应该马上去做。

人生的精彩源于梦想的精彩，你的行为决定成就的高度。其实，我们每个人都是自己命运的设计师。人生的道路该如何走，向着什么方向走，最终要达到什么样的目标……所有这些问题都应该是我们自己的立场，而不需要被别人保证。如果我们想去做事情，为什么不去呢？如果我们失去了去尝试的勇气，那么一生也不会有什么大的作为。

许多人总是说："我想做……"但他们总是停留在口头表达，迟迟不肯行动，前怕狼后怕虎，又想去做，但又担心失败，结果就是卡在那里。多年后，依然是平平庸庸，事业也不见起色。实际上，年轻人因为有年轻的资本，哪怕失败了也可以一切重来。如果你总是犹豫不决，怕前怕后，那只会一事无成。所以，年轻人要珍惜自己的美好时光，想去做就去做，为什么不呢？

从前有一头毛驴，它拥有两堆草料。它饿了，可是站在两堆草料中间，是去左边还是去右边呢？往左边走走……嗯，还是去吃右边的比较好；往右边走了几步……算了，还是去左边那堆好了。走走又回头，回头又走走，于是，这头幸运的、富有的毛驴，就这样在两堆草料间活活地饿死了。这个故事当然是有点夸张，可是，不要说人就不会做这样的傻事。因为人比毛驴聪明，思考能力强，在前思后想中，更容易犹豫不决，失去机会。在生活中，有不少年轻人做事思前想后，顾虑太多，结果在犹豫不决中丧失了绝佳的机会，也失去了改变人生的机会。

目标是否可以实现，关键在于及时行动。在任何一个领域里，不努力去行动的人，就不会获得成功。正所谓“说一尺不如行一寸”，任何希望、任何计划最终必然要落实到具体的行动中。只有及时行动才可以缩短自己与目标之间的距离，也只有行动才能将梦想变为现实。如果你只是心里想想，总是考虑其他的因素，错过了及时行动的机会，那会后悔莫及。

启示

人生有三大憾事：遇良师不学，遇良友不交，遇良机不握。很多人把握不住机遇，不是因为他们没有条件，没有胆识，而是他们考虑得太多，在患得患失间，机遇的列车在你这一站停靠了几分钟，又向下一站行驶了。我们生活在一个激烈竞争的时代，很多机会本来就是稍纵即逝的。优柔寡断的人在左思右想的时候，机会已经溜到了别人手里，把他远远抛在了后面。

敢想敢做，年轻就有试错的资本

年轻人，如果你不是富二代，挣钱又不多，那你拿什么来享受生活呢？趁着年轻，努力一把，而不是安于现状，这样你才有能力为高品质生活买单。生活充斥着酸甜苦辣的味道，只有经历了苦辣之后，才能体会到生活的甘甜之味。

年轻是美好的年纪，你的选择不同，人生经历也有不同，有人选择安逸的生活，有人选择疯狂，而我选择在这美好的岁月里洒下汗水，种下希望，努力奋斗。当然，努力并非说说而已，年轻人需要给自己制定目标，有一个良好的心态，努力学习，不断充电，对自己想做的事情有一种强烈的欲望。如果你无限渴望去做某件事情，那全世界都会给你正能量去实现。

安东尼·拉马纳出生于意大利西西里岛的一个小村庄里，家里有十个兄弟姐妹，因此他不到12岁就到采石场干活了。不过，安东尼却不甘心自己的命运就是这样，于是他常常会利用一些休息的时间阅读有关西西里岛的历史和地理，并听老人们讲述岛屿的变迁。从书中，他看到了外面的世界与岛屿的差距，因此他在16岁那年，沿着山谷顺流而下，一直来到海边，随后跟着一艘货船来到了美国。

在22岁那年，安东尼凭借着不懈的努力，获得了梦寐以求的证书——一张石匠工会卡，不久他便被选去在林肯的纪念碑上，雕刻林肯在葛底斯堡的演讲词。在雕刻林肯的演讲词时，安东尼深深地被林肯的人生经历所打动。他想：林肯这位生活艰辛，而最后靠着学习改变命运的人，早年生活几乎跟自己一样，不过后来他却当上了律师，最后竟当上了总统，那么自己是不是也会有功成名就的一天呢？他突然之间做了一个决定，要成为一名律师。对此，朋友都笑话他："你是林肯第二吧？安东尼，你看雕像看呆了。"

安东尼过去只在西西里岛的一所乡村小学读到五年级，想在华盛顿大学国家法律中心学习，这简直是痴人说梦。何况他还要在脚手架上连续工作10小时。但是他却没有退缩，一下班就去夜校补习英文，他的帆布兜里时刻都有锤子、午饭和课本，他常常匆匆忙忙地吃过午饭便抓紧时间读书，甚至有时候一手拿着书，一手拿着两片玉米饼，中间夹着一块咸猪肉坐在木头上边吃边学习。

终于，功夫不负有心人。安东尼考入了法律学校，但是，因为第二次世界大战爆发，他只得离开美国去同法西斯作战。回国后，他在很短的时间里连续获得了一个法学学士和一个法学硕士的学位，后来，他一直在纽约和华盛顿担任律师，工作十分出色。

有人曾问安东尼："读书、学习时，难道你感觉不到累吗？"他回答说："那不可能，因为每个人都必须自己去发现动力，并自己为动力确定具体的涵义。"不感觉到累，是因为相信自己一定能行。即便自己被朋友嘲笑，他也从来没动摇过努力的决心。正因为对自己有绝对的信心，安东尼才得以成功。

几十年前，在美国有一个十多岁的穷小子，他自小生长在贫民窟里，身体非常瘦弱，却立志长大后要做美国总统。如何实现这样的抱负呢？年纪轻轻的他，经过几天几夜的思索，拟定了这样一系列的连锁计划：

做美国总统首先要做美国州长——要竞选州长必须得到雄厚的财力支持——要获得财团的支持就一定得融入财团——要融入财团就需要娶一位豪门千金——要娶一位豪门千金必须成为名人——成为名人的快速方法就是做电影明星——做电影明星前得练好身体，练出阳刚之气。

按照这样的思路，他开始步步为营。一天，当他看到著名的体操运动主席库尔后，他相信练健美是强身健体的好办法，因而有了练健美的兴趣。他开始刻苦而持之以恒地练习健美，他渴望成为世界上最结实的男人。三年后，凭着发达的肌肉和健壮的体格，他开始成为健美先生。

在以后的几年中，他成了欧洲乃至世界健美先生。22岁时，他进入了美国好莱坞。在好莱坞，他花了十年时间，利用自己在体育方面的成就，一心塑造坚强不屈、百折不挠的硬汉形象。终于，他在演艺界声名鹊起，当他的电影事业如日中天时，女友的家庭在他们相恋九年后，终于接纳了他这位“黑脸庄稼人”。他的女友就是赫赫有名的肯尼迪总统的侄女。

婚姻生活过了十几个春秋，他与太太生育了四个孩子，建立了一个“五好”家庭。2003年，年逾57岁的他，告老退出了影坛，转而从政，并成功地竞选成为美国加州州长。

他就是阿诺德·施瓦辛格。他的经历告诉我们，目标要远大，经营自己的过程却要稳扎稳打，在一个台阶上站好了，然后再瞄准下一步。

志存远大，这是一直被我们推崇的。但是在现实中，仅仅努力还远远不够。就如阿诺德·施瓦辛格一样，如何开动脑筋，尽快突破小目标，实现大目标，才是年轻人最应该费心思考的问题。根据阿诺德·施瓦辛格的成功经历，我们可以总结出这样一句话：从大处着眼，从小处着手，化整为零地循序前进。作为年轻人，谁都妄想自己能一步登天，一夕成名，一下子便成为一个亿万富翁。有目标、有憧憬是好事，但善于规划才是硬道理。

启示

年轻，没有理由不努力，与其在暮年擦拭悔恨的泪水，不如趁年轻努力一把。年轻人要敢想敢做，勇于付出，相信没有什么是做不到的，也没有什么是能够难倒年轻的自己。人生不息，奋斗不止，只要你还年轻，就大胆勇敢地向前冲，只要坚定信念，成功就会在眼前。年轻人，只要梦想还在，那就在美好的岁月里保持前进的脚步吧！

所谓的优秀是逼出来的

许多年轻人不明白自己的价值所在，他们也不知道自己到底具有多大的潜能，所以，谁也不知道自己到底会多么伟大。

1900年，著名教授普朗克和儿子在花园里散步，他看起来神情沮丧，遗憾地对儿子说："孩子，十分遗憾，今天有个发现，它和牛顿的发现同样重要。"原来，他提出了量子力学假设以及普朗克公式，但是，由于他一直很崇拜并虔诚地奉为权威的牛顿理论，而自己的发现将打破这一完美理论，他有些怀疑自己的判断，最终他宣布取消自己的假设。不久之后，25岁的爱因斯坦大胆假设，他赞赏普朗克假设并向纵深处引申，提出了光量子理论，奠定了量子力学的基础。随后，爱因斯坦又突破了牛顿绝对时空理论，创立了震惊世界的相对论，并一举成名。

对自己的怀疑，常常会让我们失去了成功的机会，或是让我们放慢了前进的脚步。普朗克对自己的怀疑，使整个物理理论停滞了几十年。所以，任何时候，都切莫怀疑自己，而是努力、勇敢地证明自己，这样我们才有可能站在成功的顶峰之上。

1796年的一天，在德国哥廷根大学，19岁的高斯吃完了晚饭，就开始做导师单独布置给自己的每天例行三道数学题。高斯很快就把前面两道题做完了，这时，他看到了第三道题：要求只用圆规和一把没有刻度的直尺，画出一个正17边形。高斯感到非常吃力，时间很快就过去了，但是，这道题还是没有一点进展，高斯绞尽脑汁，但是，他很快发现自己学过的所有数学知识似乎都不能解答这道题。不过，这反而激起了高斯的斗志，他下决心：我一定要把它做出来！他拿起了圆规和直尺，一边思考一边在纸上画着，尝试着用一些常规的思路去找出答案。

天快亮了，高斯长舒了一口气，自己终于解答了这道难题。见到导师，高斯有点内疚："您给我布置的第三道题，我竟然做了整整一个通宵，我辜负了您对我的栽培……"导师接过了作业，当即惊呆了，他用颤抖的声音对高斯说："这是你自己做出来的吗？"高斯有点疑惑："是我做的，但是，我花了整整一个通宵。"导师激动地说："你知不知道，你解开了一道两千多年历史的数学题，阿基米德没有解决，牛顿没有解决，你竟然一个晚上就做出来了，你才是真正的天才！"原来，导师误把这道难题交给了高斯，每次高斯回忆起这一幕时，总是说："如果有人告诉我，这是一道两千多年历史的数学难题，我可能永远也没有信心将它解出来。"

我们应该永远记住一句话：你比自己想象中更优秀。因为我们每个人所拥有的潜能都是无穷的，我们所展现出来的只是九牛一毛，还有更多的等待我们去挖掘。相信自己，多给自己一份肯定，自己永远比想象中优秀一点，这样，你才会成功地挖掘出自己的潜在价值，从而使自己变得更优秀。

启示

事实上，一个人的价值有时候是显露出来的，但在很多时候都是隐藏起来的，而在每个人的身体里，都蕴藏着巨大的能量，这就是我们的价值所在。只要我们勇于去寻找真实的自我，激发出自己无穷的能量，就能够彰显自身的价值，这会让我们人生的每一刻都过得精彩。

只要向前走，不必怕什么

卡内基曾经说："只要你向前走，不必怕什么，你就能发现自己，成功一定是你的！"一个有积极态度的人，不会只停留在已有的条件或已有的成绩上，他总是不停地开拓，不停地创造。世界是变化的，社会是发展的，因而不能被动地守着原有的东西，而应该是主动地适应着这种变化，不断地创新，不断地前进。谁有这种主动创新的积极态度，谁就能不断地排除困难，不断地获得成功。

莎士比亚曾说："聪明人会抓住每一次机会，更聪明的人会不断创造新机会。"年轻人对待机会要采取主动的态度，甚至要用我们的行动增加机会出现的可能性。犹豫不决的年轻人总是想“现在”“明天”“将来”之类的词，其实这些字眼与“永远不可能做到”的意义是相同的。如果你要想成功，那就现在就去做。立刻开始工作，态度要主动积极，要自告奋勇去改善现状。要主动承担义务工作，向大家证明你有成功的能力与雄心。

有了目标，没有行动，一切都会与原来的目标背道而驰。有了积极的人生态度，没有立即行动，一切都极有可能转向成功的反面。所以说，主动是一切成功的创造者。赫胥黎的名言：“人生伟业的建立，不在能知，乃在能行。”并且孜孜不倦地强调“行”乃是扭转人生最有力的武器。

不同的行动就会产生不同的结果，从结果中又可带出新的行动，把我们带向特定的方向，最后就决定了我们的人生。这就是少数人能从芸芸众生中脱颖而出的原因，他们不但有行动，并且有不同于一般人的主动。不要再只是被动地等待别人告诉你应该做什么，而是应该主动去了解自己要做什么，并且规划它们，然后全力以赴地去完成。想想今天世界上最成功的那些人，有几个是唯唯诺诺、等人吩咐的人？

其实，在主动进取的人面前，机会是完全可以“创造”的。新中国石油战线的“铁人”王进喜有一句名言：“有条件要上，没有条件创造条件也要上。”创造条件就是创造机会。如果你想要成就某种事业而又不具备相应的条件，你就没有机会，而当你通过努力使自己具备了这些条件，就为自己创造了机会。努力提高自身的能力和水平，增强自身的优势，就会使自己面临更多的机会，对于一个人和一个企业都是如此。

我国著名导演张艺谋在成为大导演之前可谓历经坎坷曲折，但他以进攻的姿态为自己创造了一次次机遇。1978年，北京电影学院开始招生，他用自己几年来的摄影作品“开路”，给素昧平生的文化部长黄镇写了一封恳切真诚的信，并附上自己的作品。颇通艺术的部长有强烈的爱才之心，派秘书去电影学院力荐张艺谋，终于被破格录取。

尽管在校表现优秀，但命运仍然对他不公，毕业后他被分配到广西电影制片厂这个小厂。但他并没有因处境不佳而自我埋没。外部条件不好，厂小、人少、设备差、技术力量薄弱，是不利的因素。但这里也有大厂所不具备的条件，那就是科班毕业生少，名导演、名摄影师少，因而论资排辈的做法不像大厂那么突出。张艺谋主动请缨，挑起大梁，以卓越的摄影才能，一炮打响，荣获“中国电影优秀摄影奖”，这部电影也成为第五代影人崛起的标志。

做个主动的人，要勇于实践，做个真正做事的人，不要做个不做事的人。创意本身不能带来成功，只有付诸实施时创意才有价值。用行动来克服恐惧，同时增强你的自信。怕什么就去做什么，你的恐惧自然会立刻消失。自己推动你的精神，不要坐等精神来推动你去做事。主动一点，自然会精神百倍。

许多年轻人被成功拒之门外，并不是成功遥不可及，而是他们不能发现自己，认定自己不会成功，主动放弃。事实上，只要你每天限定自己要超越自我，成功自会出现在你眼前。成大事的人就是如此。要获得卓越成就，你就应该主动追求。思想积极了，你才会摒弃懒散的习性。你必须让潜意识充满积极的想法，无论任何状况，你都要超越自我。

启示

著名剧作家肖伯纳说过一句非常富有哲理的话：“征服世界的将是这样一些人：开始的时候，他们试图找到梦想中的东西。最终，当他们无法找到的时候，就亲手创造了它。”真正的成功者不但要善于把握机会，更要善于创造机会。

第 4 章

你勇敢迈步，就能踏上新征程

迎接挫折的过程，就是内心产生勇气的过程。或许，面对未知的恐惧，你会选择逃避，但是逃避就能解决问题吗？只有鼓足勇气，给自己一片悬崖，勇敢迈步，才有可能踏上新征程。

所有坚韧不拔的努力迟早会有回报

高尔基说：“哪怕是对自己的一点小小的克制，也会使人变得强而有力。”每个人都是有毅力的，可以说，毅力和克服困难相伴。换句话说，克服困难的过程，也就是培养、增强毅力的过程。在生活中，那些毅力不是很强的人，往往能克服小困难，而不能克服大困难，但不断地积累毅力，也可以使人有克服大困难的毅力。

大量事实证明，毅力是可以培养的，心理学家举了这样一个生动的例子：“今天，你或许挑不起一百斤的担子，但你可以挑三十斤，这就行。只要你天天挑，月月练，总有一天，即使一百斤的担子压在你的肩上，你依然能健步如飞。”这就是“半途效应”的侧面反映，半途效应是指在激励过程中达到半途时，由于心理因素以及环境因素的交互作用而导致的对于目标行为的一种负面影响。

古人云：“事当难处之时，只让退一步，便容易处矣；功到将成之候，若放松一着，便不能成矣。”在生活中，有很多事情，并不是仅仅依靠三分钟热情就可以做好的，也不是一朝一夕就能做到的，而是需要持之以恒的精神，我们必须要付出时间和代价，甚至是一生的努力，当然，在这个过程中，我们需要忍耐，坚持，再坚持，以无限的意志力等待机会和成功的来临。

大量事实表明，人的目标行为的中止期大多发生在“半途”附近，那是一个极其敏感和脆弱的区域。导致半途效应产生的原因来自于两方面：一是目标选择不合理，有可能在选择目标的时候，过大或过小，从而导致了半途效应；二是个人的意志力，那些意志力越弱的人越容易出现半途效应，如果你想干点什么，那一定要培养出坚忍不拔的精神。

玫琳凯的成功案例是哈佛学子案头必备的研究资料，从她的身上，我们懂得：强大的意志力能战胜一切。凡事能够成大事者，他们必须经得起挫折的历练，经得起失败的打击，因为成功需要风风雨雨的洗礼，而一个有追求、有抱负的人，他总是视挫折为动力。

那些作出巨大成就的人，他们与常人的区别就在于，他们拥有较强的意志力，而并非他们有多么过人的本领。在大多数人不能坚持的时候，他们再多坚持了一会；在大多数人想要放弃的时候，他们咬着牙坚持了下来。当然，由于其拥有过人的意志力，任何事情在他们面前，都可以说是简简单单。因此，拥有过人的意志力，可以说是事半功倍。

对于我们普通人来说，更需要为自己设立一个清晰的目标。一个人如果没有明确而坚定的目标，是不会成功的。克莱斯勒在年轻时曾做了一件疯狂的事情，他从银行里取出了所有的存款，到纽约参观汽车展，回来时还买了一辆新车，更糟糕的是，他回到家中便把车停到车库中，并将每个零件都拆卸了下来，研究完之后，又把车子组装起来。大家都认为他疯了，但是，最后他成为了闻名世界的“汽车大亨”。

正如摩托罗拉公司一名主管说：“得美国国家品质奖，有一种金钱买不到的奇效。”这里的“奇效”就是指目标的效力，有什么样的目标就有什么样的人生，目标可以促使我们产生积极性。同样的道理，一个企业要想获得成功，就要为自己设定一个可以追逐的目标，摩托罗拉公司的成功就是最典型的案例。

启示

许多人不敢去追求梦想，不是梦想太远，而是因为他们心里已经默认了一个“高度”，而这个高度常常使他们受限，所以，他们看不到未来确切的努力方向。所以，我们要将成功的信念注入血液之中，不断地告诉自己“我能行”“我努力就一定能成功”“我是最优秀的”，不断增强自信心，勇于向成功奋进。

鞭策自己成为一个优秀的人

一匹再懒惰的马，只要身上有马蝇叮咬它，它也会精神抖擞，飞快地奔跑。这就是心理学中著名的马蝇效应，马蝇效应告诉我们，适时地鞭策自己，方能使自己不断地前进，获得成功。一个人只有被叮着咬着，他才不敢松懈，才会努力拼搏，不断进步。

有时候，我们会满足于现状，不思进取；有时候，我们会自暴自弃，甚至破罐子破摔。通常情况下，越是有能力的人越容易自负，因为内心有着强烈的占有欲，如果任由这样的情况发展下去，自己会被自满吞噬，安于现状、不思进取；此外，有的人在遭遇了一点点挫折就松懈了，丧失了生活的希望，自暴自弃。其实，在这些时候，我们都需要利用马蝇效应来鞭策自己，赶走身上的自负与骄傲、畏惧与自卑，激励自己，勇往直前，迎接人生新的一天。

“马蝇效应”被许多人运用到公司或企业的管理中来，然而，管理好了自己才能有效地管理别人。在日常生活中，我们也需要利用好马蝇效应，适时鞭策自己，使自己努力向前。其实，每个人对生活都有各种不同的欲求，有的人注重精神满足，比如荣誉、地位；有的人比较注重物质享受，比如金钱。

对于我们自己来说，最大的欲求就是梦想了，在人生的道路上，我们要以“梦想”这只马蝇来叮着自己，激励自己，让自己这匹“马儿”欢快地跑起来。

生活还是要继续，我们停止了前进的步伐是因为我们内心已经松懈、倦怠，所以，适时鞭策自己，不断地鼓励自己，前方就是成功之路。只要我们不断地提醒自己，激励自己，我们就会像那匹被马蝇所叮的马儿一样，越跑越快，最终能够将心中的梦想变成现实。

人生在世，谁不渴望出人头地？美国成功哲学演说家金·洛恩说过这么一句话：“成功不是追求得来的，而是被改变后的自己主动吸引而来的。”我们之所以没有成功，是因为在我们身上存在着许多致命的缺点，如自私、傲慢、急躁、没有明确的人生目标、缺少自信、做事情不脚踏实地、没有耐心等，这些缺点严重制约了我们的发展。只要对自己进行深刻的检讨，采取改进措施，你的精神面貌就会发生巨大变化，会感觉到自己在一天天地向成功迈进。

改变自己就要学会接受新事物，因为每个人都有着无限的潜能等待开发，只可惜，我们往往限制住自己的心态。科技进步的速度快得惊人，相对地也引导地社会各方面的发展，如果你仍一味地沿用旧的思想、旧的方法去做人做事，那就会被社会淘汰。所以千万不要当个死硬派，很多不该再坚持的观念，何苦抓住不放呢？接受新思想，摒弃不适当的旧观念，会使你改造自己，成为扩大格局的好起点。

有人会说，我是很想立即改变现状，但周围的大环境就这样，不允许，没办法呀！他必定是忘了：一个人在面临无法改变的环境的时候，首先要学会改变自己，自己改变了，环境也会随着改变。西方有句谚语：“生存决定于改变的能力。”不少人往往是一方面既想改变现状，另一方面又害怕承受痛苦，结果把自己弄得既矛盾又挣扎，折腾了一大圈又绕回到起点。改变是痛苦的，但是，如果不改变，那将是更大的痛苦。

成功学专家陈安之说：“不要把赚很多钱当做是你人生最重要的目标。只要你能够成为最好的人物，最好的事情也就会发生在你身上。当你想要得到一切最美好的事物，你必须把自己变成最好的人。”所以，在失意的时候，不要急着抱怨这个世界不公平，世界从来不会因为某个人的抱怨而改变。不如改变自己来适应环境，如果人是正确的，他的世界就是正确的。

“适者生存，不适者则被淘汰”，这是自然规律，世上的事物时时刻刻都在发生着改变。如果你跟不上社会的步伐，你会被社会抛得越来越远。面对这样的状况，只有改变自己才是出路。许多时候，担心是多余的，欣然地面对现实，勇敢地接受挑战，就会塑造一个“全新的自己”。人生是由一连串的改变形成的。当你的环境、教育、经验、吸收的信息发生变化，你的心理多多少少都会产生不同程度的变化。改变就是机会，只要你及时处理，就会有好的机会与开始，而且，唯有良好的自我改变，才是改造状况，甚至改变环境的基础。

一个人如果不先改正自己的缺点和不足之处，使自己成为一个人格更完善的人，就很难获得成功，更谈不上去影响、去改变别人。人活在世上的任务首先是改变自己，进而改变世界。如果同事对你不友善，你不去改正自己的缺点，即使你换个单位也没用；如果你的成绩无法提高，你不去改变学习方法和学习态度，即使换了老师也没用。只要你开始改变，生活也会随之改变。

世界是在不断发展变化的，每个人也是在不断发展变化的。变化始终存在，不管这变化是好是坏，我们必须接受，而变化的好坏往往取决于人的适应能力。要适应瞬息万变的社会，我们必须做出改变，而且，改变必须从今天开始，马上开始，从自己开始，从每一件小事开始。这样才能获得成功！

启示

适者生存，这是人类一切问题的答案。试图让整个世界适应自己，这便是问题所在。试图让一切适应自己，这是很幼稚的举动，而且是一种不明智的愚行。想要改变世界很难，而改变自己则较为容易。如果你希望看到自己的世界改变，那么第一个必须改变的就是自己。

走自己的路，选择自己的方向

每个人都应该有一条自己该走的路，随波逐流的人，是不会得到人们欣赏的，只有特立独行才能吸引人们的注意。许多人不敢特立独行就是因为他们没有敢为天下先的勇气。抛开自己的成见，删除自己的怯弱，自己的人生还得自己来书写，不要成为和别人一样的人，为什么不将自己的特色展现出来，为什么不让自己的优点长处凸现出来？

一位教授说：“哈佛不需要只会考试的应试机器，我们要求学生：有鲜明的个性；有学术精神；有领导能力。哈佛所培养的是国家未来的精英，是在政治、法律、金融、管理和学术各个领域的顶尖精英。哈佛重视的是一个年轻人的综合素质，从知识的适应能力到创造精神，从博雅文化到领袖气质。”哈佛需要和培养的是有思想、有想法的人，他们坚信，只有这样的学生，才能推动人类社会的快速进步。不仅仅是在哈佛，在其他领域，那些有想法的人，也同样更容易受到重视，他们的发展潜能更加巨大。

有雄心是一件好事，这说明有抱负，有宏伟的志向。有雄心的人会有坚强的意志去实现自己的目标，雄心会在潜意识中激发人的斗志。只要有雄心，目标就不再遥不可及。任何困难在有雄心的我们眼中都不是困难，而是成功路上的垫脚石，有了这些垫脚石，就能更快更容易取得成功。

有人说：“积极创造人生，消极消耗人生。”或许，只有好心态的人才能驾驭自己的人生，也才能收获幸福与快乐。“心态决定命运”，自然，良好的心态必将带来好的命运，好的一生。

在生活中，我们一贯主张“谨慎做事”，这本来是一则很重要的做事准则。但是，凡事都有两面性，优点和缺点会互相转化。做事谨慎是好事，但是，如果一个人做事过于谨小慎微，就会使自己的胆子越来越小，眼睁睁地看着机会从眼皮底下大摇大摆地溜走。很多时候，需要大方为事，换句话说，就是做事时要有一股闯劲，不能畏首畏尾，这样只会误了大事。如果在做任何一件事情，你都前前后后计算好了才去做，那么，恐怕机会早就被别人抢了先了。

而且，做事太过于谨小慎微，往往会出差错，惹麻烦。一件事情，如果想好了就放开手去做，凭着一股闯劲，那么，在做事情的过程中，你可能会顺顺利利。但是，如果你太留心这件事，即便你最初很执着，很用心，却可能因为你做事太谨慎、太计较而出错，惹来一些不必要的麻烦。

在生活中，许多人一遇到困难就如临大敌，左想右想，反反复复考虑某些问题。其实，当你在谨慎策划的时候，别人已经捷足先登了。因此，做事应大方，想好了就去做，战胜内心的胆怯，千万不要畏首畏尾，过分谨小慎微只会让你错过良机。

诸葛亮在施展“空城计”后说：“兵法云，知己知彼，百战不殆。如果是司马昭和曹操的话，我是绝对不敢实施此计的。”意指司马懿本身是一个做事谨小慎微的人，他从来不打没有把握的仗。一旦他觉得前面有埋伏，他就会选择撤退，而诸葛亮恰恰算准了他这样的心理。虽然，谨小慎微让司马懿做成了不少成功的事情，但在“空城计”里，他却偏偏因过分谨慎而中计了。

每个人都有自己的追求，或金钱，或名望，或权利，或爱情，或崇高的理想信念等等。不同的是，有的人在追求的驱动下一往无前并成功了，而大多数人面临的，不是止步不前就是难堪的失败，这是为什么呢？当我们观察那些所谓的成功人士的时候，你会发现他们身上有一个共同点——敢想敢做。

在生活中，许多做事太小心的人，他们一辈子都活在胆怯中，有了好的机会，瞻前顾后，不敢上前，畏首畏尾。结果，一直到生命终结的那一天，他们还是很胆怯，在他们的一生中，可能没做成一件大事。而做大事者，应该是光着膀子甩手干，没有任何束缚，也没有任何禁锢，他们乐得轻松，不胆怯，不犹豫，大方为事。

启示

做事太谨小慎微，往往会瞻前顾后，犹豫不前，结果，白白浪费了一个大好的机会。当我们有一个好的想法，或当我们面临一项艰巨的任务时，不要畏惧，而是要迅速行动起来。瞻前顾后、谨小慎微只会给你带来恐惧，而一旦行动起来，就可以顺便做调整，最终铸成大事。

想要更出色，就别害怕承担责任

如果你想要更出色，就不要害怕承担责任，因为责任是你走向成功的起点，责任是超越自我的必要条件，责任往往能成就一个人的成功。无论做什么事情，只要认真、勇敢地担起责任，你就能得到别人的尊重。

在生活中，每个人都扮演着不同的角色，而每种角色又承担着不同的责任，我们最大的成功就是完成自己的责任。因为内心的责任感，会让我们在困难时咬牙坚持下去，在成功时保持清醒的头脑，在绝望时坚决不放弃。承担责任，在某些时候，并不单单为了自己，也是为了别人。

在生活中，有许多习惯寻找各种理由为自己没有完成的事情而推卸责任的人，他们将本该自己承担的责任转嫁给他人。试想，一个逃避困难、不敢承担责任的人，他势必缺乏做事的能力和魄力，没有人会相信他能做好事情。在做事的过程中，放弃责任就等于放弃了成功的机会，因为强烈的责任感能激发一个人的潜能。我们经常可以看见这样一些人，他们缺乏最基本的责任感，当有人强迫他们工作的时候，他们才勉强应付工作，这样，他们又怎么会发挥出自己的潜能，怎么会有自己的魄力呢？

在生活中，害怕承担责任的人屡见不鲜，但是，如此逃避责任却是一件不光彩的事情。那些不敢于承担责任的人，他们往往打着这样的借口："这不是我的错""我不是故意的""本来不会这样的，都怪……""这不是我做的事情"等。其实，这些都是他们逃避责任的借口，全盘否定自己的过失，推卸责任。

只是，当他们成功地推卸责任的同时，他们也失去了做事的应有魄力。因为，一个敢于承担责任的人，他总是充满着魄力，浑身洋溢着无尽的神采。

责任使人进步，逃避使人退步。一个优秀、有魄力的人，应该怀有很高的责任感。对自己负责，对自己所做的一切负责任，无论那些事情是对还是错。

在现实生活中，敢于承担责任的人早已经微乎其微。在一个严重错误发生之后，大多数人会为自己找借口，或者把责任推到相关的人身上，因为害怕承担自己抉择的后果，他们选择了逃避责任、推卸责任。但是，在任何年代，那些敢于承担责任的人都是勇敢的、无私的，责任成为了他们不断前进的动力。

无论我们做什么事情，如果你总是在别人用过的套路中晕头转向，那只会束缚自己的思维，这时你应该做的，就是跳出思维方式，别被固有的思想禁锢住。当经验在大脑里越积越多，就形成了思维定式，它使人们总习惯用自己的价值标准和思维模式来评判事物，其实，这就是所谓的“思想僵化”。

通常情况下，在机遇面前，一个人的心理越是趋于保守，他就越容易陷入这样的困境，他很难去做任何事情。生活在这个变化莫测的世界，时代总是向前。逆水行舟，不进则退，如果你不愿意创新自己的思想，总有一天，你将会被这个社会所淘汰。

人和动物最根本的区别在于有思想、有思维活动，但是，思想也是需要推陈出新、不断更新的。否则，总是被固有的陈旧思想束缚，只会一事无成。

在过去的美国，种族歧视十分严重，黑人在美国社会根本没有什么地位。难道黑人就真的没有办法像黑气球一样飞上天空吗？或许，在几百年前，美国白色人种不会相信有一天黑人也会坐上总统的位置，那是固有的思想。但是，在今天，相信所有的美国人都知道，黑色人种一样可以很好地统治美国。当然，几百年来，无数的黑人并没有被固有的思想所束缚，他们一直在努力，终于，跳出了思维定式，奥巴马也成为了美国第一任黑人总统。

成功者说：“财富是想出来的。”其实，一个人要想成功，不仅仅要养成思考的好习惯，还需要不断地创新自己的思想。开阔思路，扩展思维，这样，你才能更大限度地获取有益的信息，从而促成自己获得辉煌的成就。对于那些敢于冲破固有思想的人来说，他们永远不会跟随众人的思维模式，而会独辟蹊径。这是他们身上的一种特质。

启示

新思想是击破思维定式的有效武器，无论是在思考的开始，还是在其他某个环节上，当我们的思考活动遭遇了障碍，陷入了某种困境，难以再继续下去的时候，你需要思考一下：自己的头脑中是否有固有思想在起束缚作用，自己是否被某种思维定式捆住了手脚？

多尝试，别怕改变和突破

在这个世界上，并没有一成不变的事情，这个世界无时无刻不在发生着巨大的变化。但是，改变将会引起人们内心的恐惧，事实上，几乎所有的改变都会导致恐惧，不管是好的改变，还是坏的改变，都会唤起人们内心的恐惧。

有人想结婚，但他马上会陷入恐慌，如果爱情无法天长地久怎么办？如果自己选错了伴侣怎么办？有人想换一份新的工作，但他马上会惶恐不安，如果自己不能胜任新工作怎么办？如果公司没办法兑现求职时的承诺怎么办？甚至，有的人想改变自己的发型，他也会担忧不已，万一新发型看起来很糟糕怎么办？如果自己因此而变得不漂亮怎么办？这似乎是听起来很可笑的事情，但事实就是如此：改变常常令我们感到局促不安。

上帝在关上一扇门的同时，会为你打开另一扇门。当我们过着熟悉的生活的时候，总是害怕会被改变，但是，许多灾难、横祸是无法阻挡的，能改变的唯有我们的心态，以及我们内心的胆怯。不要去在乎自己失去了什么，哪怕是工作、房子、信用卡，无论我们的生活发生了怎么样的巨变，我们都可以从头开始自己的人生，甚至，你会重新登上新的高度。

改变，它本身带着一种破坏性，意味着你将破坏以前固有的东西，而重新去接纳一种新的东西。几乎所有的改变都具有破坏性，即使是好的改变。但是，在生活中，许多事情都是需要改变的，那是不容拒绝的。或许，人的心理就是这样矛盾，不变让人厌烦至极，而改变却让人局促不安。通常情况下，那些熟悉的、不变的事情总会让我们感到心安。

有人说：“生命开始于舒适地带的尽头。”无论改变本身带给我们怎么样的不安心理，但是，我们必须记住：生活中的改变只是一个开始，并不是一个结束。不要害怕改变，因为人生的乐趣就是接纳新的生活。

一个人总是要看陌生的风景，结识陌生人，甚至，生活在一个陌生的环境里。因为这个世界是变化莫测的，如果我们固执地待在最初的原点，那么，我们将不能适应这个世界的变化，并会逐渐被这个世界所淘汰。当然，对于大多数人来说，他们更喜欢接触熟悉的人和事，因为熟悉，少了内心的那份恐惧。

在陌生的人和事面前，人们往往会乱了阵脚，多了胆怯，他们不知道自己该说什么话，该做什么事情，甚至，他们根本不知道自己应该把手放在哪里才好。既然，陌生的风景、陌生的人、陌生的环境是我们无法拒绝的，为什么不尝试着去慢慢接受呢？其实，人生一直是在适应中体味快乐，我们又何苦那么惧怕陌生呢。

在陌生的环境里，你会结识新的朋友，新的同事；你会有一间跟以前全然不同的房间，或许，你早就厌倦了之前的摆设，趁着这个机会不是可以重新装饰吗？你会有一种新的生活方式，以前那循规蹈矩的生活你早就厌倦了，为什么不趁着这个机会改变呢？在适应陌生的过程中，其实你一直都能体味到那种“新奇”的快乐，因为所有的所有对于你来说都是未知的，新鲜的，自然也是乐趣无穷的。

与陌生人结识其实就是一段新奇的旅程，在这段旅程里，你会认识不同于以往的人，他们的秉性、长相、说话方式，以及发生的故事都可能与以往所接触的人不同。其实，在这个世界上，对我们来说并没有什么完全陌生的东西，因为一切陌生的事情都会慢慢地变得熟悉起来。那熟悉的过程，事实上就是体味快乐的过程，有时候，快乐就是如此简单。

启示

“陌生”这个词语常常会唤起人们内心的胆怯，他们害怕去接触，更害怕自己从一个熟悉的环境到一个全新的环境。其实，这样的心理是可以理解的，从陌生到熟悉，需要一个漫长的过程。但是，如果你换一个角度，你会发现，所谓的“陌生”其实就相当于一个新奇的探索之旅。

第5章

爱情，就是不顾一切

在遇到爱情的时候，如果你抱着挑剔的眼光看对方，那就没有一个人是合适的。不管告别单身是否会成功，至少你需要抱着努力的心态去尝试，这样才不会给自己留遗憾。爱情，就是不顾一切。

鞋子合不合适，只有自己才知道

对于任何一个人而言，另一半没有最好的，只有最适合自己的。选择一个与自己合拍的另一半，这才是幸福的捷径。有时候，幸福也需要对手，那个与你有共同意愿，并愿意配合你的种种制造幸福，你所想要的他/她能给你，这样“合适”的另一半，才是与你匹配的。人都有买鞋子的经历，当我们站在橱窗外，看着橱窗里那漂亮而款式新颖的鞋子就会兴奋不已，我们通常会选出一双最漂亮的鞋子试穿。但是，穿在脚上才发现这双鞋子不是太小，就是太紧，自己都觉得别扭。原来，鞋子合适不合适，只有自己才知道，那些外表靓丽的鞋子并不如我们想象中那么美好，如果我们硬是要穿，那自己只能忍受夹脚的痛苦。

其实，挑选鞋子的过程，就是人寻找爱情的过程。爱情，就好像鞋子一样，只有合适自己的才是最好的。反之，那些最好的未必是最合适的。就好像漂亮的鞋子一样，它只适合放在橱窗里供人欣赏，而不是带回家据为己有。在爱情的世界里，人要善于选择适合自己的另一半，那个与你合拍的另一半才是你真正可以相伴一生的人。

生活中，人都希望自己能找一个相貌上乘又富有的另一半，但理想与现实总会有一些差距，当你在选择爱情的时候，所参考的指数并不仅仅是“相貌”或“财富”，还有其他的各种因素，最后我们只是找了一个再平凡不过的人，虽然他不够好看，也没有钱，但茫茫人海中，他与自己才是最合拍的。爱情，寻找最合拍的，而不是最好的。经常听到人们对另一半说这样一句话：“你不是最好的，但我依然只爱你。”如果你仔细回味这句话，我们就可以感受到那种乐观豁达而又理智执着的爱情。那些被贴上“最好的”标签的人，或许可以带给我们物质上的充足，但却无法弥足我们心灵世界的空虚；最合适的会给我们带来心灵世界的充盈，因为合适而让爱情变得更美好，至于我们所羡慕的物质生活，那是可以用双手创造的。如果有这样一个人，他/她在你的心目中是绝对完美的，没有一丝缺陷，你敬畏他/她却又渴望亲近他/她，这种感觉不可以叫作“爱情”，而是“崇拜”。爱情就是当你知道了他/她并不是你所崇拜的人，而且清楚地知道他/她还存在着种种缺点，却仍然选择了他/她，并不因为他/她的缺点而抛弃他/她的全部，否定他/她的全部。

同事小娜在一家公司做销售，人很漂亮而且能力优秀，虽说才刚刚大学毕业一两年。可是，在短短的一年之内，她居然将公司的营业额升到了占全公司的三分之一，这对于初出茅庐的她来讲，确实不同凡响，她也因此而令人刮目相看。

最近，大家听说她谈恋爱了，都觉得很好奇，很想知道这位传说中的男士是怎么俘获她的芳心的。昨天，她携男朋友与公司同事见面了，满足了大家的好奇心，同时，也让大家大跌眼镜。这位Mr.Right细高个儿，其貌不扬，样子看起来很斯文，不怎么爱说话，据小娜介绍说是在旅行社工作。同事都觉得这位男士外貌和性格都不怎么样，与漂亮能干的小娜站在一起，给人极不相配的感觉。而且，由于同事们都很佩服小娜的能力，以前还私下评论过她未来男朋友该是如何如何地了不起和能干，没想到现在居然是这个样子。特别是同事小孟对这总不愿相信，还不停地摇头："真想不到，这么漂亮的女孩最终找了这样的一个人，我真不能接受。"感叹之余，还是觉得很不理解。可是，看着小娜挽着男朋友那幸福的样子，大家又觉得很释然。

爱情的最终目的不过是幸福，不管别人是怎么看的，只要你觉得适合你，那就是最幸福的事情。我们可以看出小娜的选择是最合适她的，因为她眼中飞扬的神采，还有她男朋友眼中欣赏和赞许的目光。或许，在外人看来，这两人显得不那么般配，但鞋子合不合脚，只有自己知道，外人再怎么说，幸福终究是属于自己的。

别人认为最好的，不一定适合你；你认为最好的，也不一定适合你。爱情的关键是要两个人都能配合对方的脚步，有一双欣赏的眼睛和一双愿意倾听的耳朵，一起发现爱的真谛。生活短暂如流星，在我们短暂的生命中，只有爱才是永恒的。爱是一种恒久的财富，当岁月流逝，我们需要的不是高高在上的地位，也不是手中至高无上的权利，而是需要来自爱情的温暖与体贴。

启示

这个世界优秀的人太多，合适的人却很少。那些优秀的人对自己未必是最好的，合适的则必定是。在最合适的爱情里，有一种难以言说的契合，你可以在他/她那里看到你自己。每个人活着就是为了找到自己，如果你能在他/她那里找到了自己，就选择他/她吧。因为，他/她对于你而言是再合适不过了，没有人会比他/她更好了！

爱情需要缘分，选择大于努力

张爱玲说："出名要趁早。"其实，对于人而言，在选对另一半这件事情上，何尝不是呢？如果你没早点选对另一半，那只会耽误自己更多青春的宝贵时间。青春是稍纵即逝的，在人最美好的年纪，你需要选对一个另一半，然后谈一次恋爱，结婚生子，这样的人生可以说是完美的。如果在你人生最美好的年纪，你没能趁早选对另一半，耽误了大好时光，结果你就被"剩"了下来，越到后面，你的选择范围越是狭窄。所以，人要善于为自己的人生幸福做打算，在青春这个最美好的年纪，早点选对一个另一半，才有可能获得一辈子的幸福。

在生活中，许多男男女女陷入了这样一种纠结的感情。他们都觉得彼此走不到最后，但就是一直纠缠着，不放手，天真地想着如果就这样过到世界末日就好了。但是，现实生活还在继续，两个人既然觉得彼此都不合适，为什么不挥剑斩情丝呢？

如果总是纠缠不清，对他对她都是一种耽误，美好的年纪并不是用来浪费的，更何况还是浪费在一个没有未来的男人身上。在这样的情况下，人需要表现得决然一些，转身离开，抓住青春的尾巴，趁早选一个好男人，厮守一生，岂不是人生幸事。

小梅是家里的独生女，父母对她寄予了很大的期望，希望她能顺利毕业，找到稳定的工作，顺利找到一个如意郎君，前两者她都做到了，惟有在这个婚姻大事上，小梅就好像中了邪一般，总是不由自主地走错路。

大学毕业后的小梅依然很单纯，她总是沉浸在自己的童话世界里，希望在某一天的街角处碰到一个心仪男人，然后跟着这个男人过一辈子的幸福生活。小梅确实遇到了，那是一个刚刚打架之后受伤的男人，一副无所谓的表情，但在小梅看来却帅呆了。就这样，小梅瞒着家里人跟那个男人恋爱了，她不愿意去追究男人的过去多么不堪，她只是沉浸在童话般的爱情里：小姐与马夫会有怎么样的爱情呢？

渐渐地，父母知晓了实情，还知道那个男人不务正业，整天只是混日子。于是，父母找到小梅，声泪俱下地劝说："你条件这样好，为什么要找一个这样的男人？他不仅是一个穷光蛋，而且不求上进，不工作，没有责任感，他没有办法给你幸福。"但小梅只是说："可他爱我，我再也找不到这样一个爱我的男人了，我愿意跟他在一起。"听了这样的话，父母只能摔门而去。

激情之后回归到平淡的生活，小梅跟那个男人在一起已经快两年了，看着自己的存款日益减少，而男人还是没找到合适的工作，小梅心里有点担心：难道一辈子的生活都要这样过吗？她试探性地建议男人去找份工作，但男人一副毫不在乎的表情，说道："你不是有存款吗？等咱们把钱花完了再说。"如果说两年前小梅因为男人的这个表情爱上了他，但现在却因为同样的表情被刺伤了，小梅第一次开始为自己的选择而后悔。不过，一旦男人开始哄自己，小梅又开始坚信不疑自己的爱情了。

就这样，两人拉锯战式地坚持了五年，到最后，小梅心凉了，不得不放手这段感情。然而，这时小梅才发现自己已经28岁了，早已经过了如花的年龄，再看看跟自己同龄的人，她们大多都找了一个好男人结婚生子了。小梅对感情已经没有希望了，朋友同事给自己介绍的对象，大多都是条件不好的，回想过去的那段感情，小梅觉得是错误的感情耽误了自己。

在人生的道路上，我们会遇到各种各样的人，在他们之间，有太多的只是生命的过客，有的则是我们一生的相伴。在爱情的旅途中，人要善于选择好的另一半，而且要趁早，若是遇到不合适的人，觉得他不能带给自己幸福，就要趁早放手离开，只有这样，你才有机会找到更好的。

时间不等人，如果你紧紧抓住错误的感情，那只会耽误自己一生。

启示

早点选择一个对的人，那将意味着你与那些错误的人、错误的感情隔离开。当你觉得这段感情不能继续的时候，就要果断地放手离开，给自己一个重新生活的机会。越是趁早放手，越是能早点遇到一个好的人。

爱情里多爱自己一点

在远古之初，就有了亚当与夏娃的传说，上帝创造了亚当，后来怕亚当孤独，又从亚当身上抽下了一根肋骨变成夏娃，来陪伴亚当。这样看来，因为女人是由男人的肋骨蜕变而成的，所以，在很多时候女人会不由自主地把自己当成男人的附属品。有的女人甚至觉得自己离开男人之后就没有了价值，只有在男人身边才有自己的位置。特别是一些婚后的女人，总想着自己与男人成为了一体，君笑亦笑，君哭亦哭，完全失去了自我。

殊不知，因为这样过度的爱反而使自己失去了男人的爱，女人对此感到不解，难道爱一个人也有错误吗？其实，这样的道理很简单，人连自己都不爱了，那怎么去获得另一半的尊重与爱呢？这样的道理，男女皆适用。所以，这样不爱自己的人最后不仅仅是失去了另一半的爱，其实连同自己也一起失去了，这不得不说是一种悲哀。人需要多爱自己一点，这样另一半才会重视你。

王尔德说过：“爱自己是一场终身恋爱的开始。”作为一个人，你只有好好地爱自己，才能更好地去爱别人，才能更好地被爱。懂得自爱的人，你的人生风景才会丰富，才会温暖，才有春华秋实，才有感动，才会拥有爱。一个不爱自己的人，生活回馈给他/她的，将会是一个冰冷的孤岛，围困着一无所有的自己。一个连自己都不懂得爱的人，凭什么去指望别人的爱惜呢？一个懂得爱的人，即使在面对伤害，也能为自己点燃明亮的火柴；即使失去了，也会重新鼓起勇气，勇敢地站起来。

有的人不懂得爱自己，自己省吃俭用，只是为了心仪的异性。殊不知，这样的牺牲根本就是无谓的，当你容颜老去，而他/她还是那么出色，你会感叹时间的不公正。实际上，并不是时间没有公平地对待你们，而是在最开始，你就先放弃了自我，输就输在你不懂得自爱。做一个爱自己的人，那样你无论在哪里，都会是一道亮丽的风景线。

人到了一定的年龄，美貌就会从指缝中流失，但懂得爱自己的人却拥有相当的底蕴和美丽，那就是来自内心的那份从容、自信。这样的美丽由内而外自然地散发出来，能引起容颜无法带来的惊叹。爱自己的人是美丽的，他/她们懂得如何打扮自己，这样的打扮并不仅仅是外表，而是由外表到内心，进退自如、举手投足之间，都洋溢着优雅、热情与智慧。

爱自己的人是独立的，无论从经济到心理，他/她都独自担当着，只有独立的人才会不断进取不甘沉寂，只有独立的人才会把智慧当资本，而不会依靠自己的容貌与青春去保值。

自爱是人最高贵的资本，懂得爱自己的人会把一切打理得井井有条，懂得爱自己的人拥有那份难得的洒脱，懂得爱自己的人总是一个人品尝着生活的酸甜苦辣。但是，他/她永远不会感到寂寞，因为拥有那份健康美丽的心态。

蔡健雅有一首歌叫《呼吸》，那是一种对爱情的呼唤，没有了爱人，那种冰冷难耐的空气直接侵入，让人无法呼吸。可是，当我们的爱占据了另一半的整个世界，就会让对方感受到无限的压力，自由空间受到限制，甚至无法呼吸。有人说："爱一个人不要太满，不要十分爱，只需要八九分就可以了。"就好像煎牛排一样，煎得太熟，会破坏牛肉本身的质量，还会影响牛肉的美味。

其实，爱情也是一样的道理，人要善于把控爱的尺度，不要因为爱他/她以至于让他/她有窒息的感觉。有时候，我们都会认为一声关怀就是爱意，以为经常送上问候，嘘寒问暖，就是深情；以为只是询问而不干涉，就是宽容。可是，这样造成的结果就是爱人并不领情，自己也会感到很受伤。究其原因，是因为把爱抓得太紧了，所以，限制了爱的自由，自然也就没有爱了。

劳伦斯曾经在《儿子与情人》中说，"爱情应该给人一种自由感，而不是囚禁感。"真正的爱情应该是彼此有着自由呼吸的空间，也有人说，最美丽的爱情就是两个人既是共同体，却又是相互独立的个体。固然，爱情需要火花的碰撞，也需要激情的燃烧，但是，如果你将爱的琴弦绷得太紧，那爱势必会在浪漫地释放之后走向决裂的坟墓。

正如那句名言所说“最快失去爱的方式是将爱抓得太紧，而最快获得爱的方式是给予爱”。爱情就像是一滴晶莹剔透的水珠，你越是紧紧地握着，它就越快地从指缝中流走、蒸发，最终成为没有颜色的悲哀。

即便是相爱的人之间也需要自由的距离，就像是冬天里互相取暖的两只刺猬，进行多次尝试之后才找到一个合适的距离：既能获得温暖而又不至于互相伤害。

席慕容曾这样说过：“忧伤的来源其实是起于丰盈之后的那种空茫。对生命，对内里的激情，我们从来没有人能够真正知足。”正是出于对激情的无止境的追求，才让许多人走入了爱的误区，他们害怕那眼前的爱只是一种昙花一现的美，对爱情的渴望，使自己变得越来越自私，爱情被束缚了，对方也在反抗了。“十分”的爱情，被束缚的不仅仅是爱情本身，还有爱情中的两个人，你丧失了爱自己的力气，也让爱人失去了自由的权利。

启示

也许，我们在面对陌生人，早已经习惯了保持适当的距离，但在面对爱人的时候，便觉得应该取消这种距离，需要互相拥有，非常亲密，彼此之间根本不需要距离。可是，当两个人紧紧地依偎在一起，其实早已经没有呼吸的空间。

爱一个人，别爱得太满

西方心理学家研究，爱情如痴如醉的感觉最多只能维持三个月的时间。法国思想家泰恩曾说：“结婚的定义就是互相研究三周，相爱了三个月，吵架了三年，彼此忍耐了三十年，这就叫婚姻。”当两个人因为爱而朝夕相处，那之前的神秘感就会逐渐消失，两个人都暴露出真实的一面。在家里很随便，不用再戴着面具，衣服可以很随意，说话也是随心所欲，坐姿是大大咧咧，睡觉也会发出不雅的呼噜声。等到每天下班回家之后，竟然发现两个人也没什么话可说，于是，争吵、猜疑、背叛开始出现，婚姻生活就这样开始了。

蒙田曾说：“瞎太太配上聋先生，将是世界上最完美的婚姻。”这句话的意思是，爱人之间需要保持距离，有些事可以看不见，有些话可以听不见。给予对方自由的空间，保持好和爱人之间的距离，这样就会“相看两不厌”了。原来，爱的最佳距离不是密不可分，我们应该明白，太过紧密的关系，只会让爱窒息而死。

在寒冷的冬天，住在山里的两只刺猬需要相依取暖，一开始由于距离太近，各自的刺将彼此刺得鲜血淋漓，于是它们分开了。过了一会儿，它们试图再次靠近，结果还是被刺伤了。后来，它们不停地调整姿势，互相之间拉开了适当的距离，发现这样不仅可以互相取暖，而且很好地保护了对方。

用这两只刺猬的故事来比喻爱人之间的距离再恰当不过

了，彼此太接近了容易伤害到对方；太远了，感受不到对方的关怀，最好是保持合适的距离。人们常说，距离产生美。相爱的人之间有一点距离，才能营造出一种朦胧之美，才能将两人的爱栓得更紧。每个人的精神世界是一块富丽的园土，需要相对的独立，每个人都需要一些空间，不只是物理的空间，还需要心灵的空间。若是缺少了这个空间，爱就不能自由成长。如果两个人亲密得一点缝隙都没有，那爱迟早会因窒息而消失。

给对方一个自由的空间，同时，你自己也拥有了一个神秘的空间。比如，不要随便地查看对方的手机，也不要查看对方的聊天记录，除非他愿意给你看。因为你自己偷偷地看，那是你不自信的表现。如果你想看他的信息，那么你可以让好友定时给你发信息，特别是和他在一起的时候。然后你看完，千万不要主动告诉他是谁，对方要是问，你就要毫不在意地说："有人给你发信息，我可从来没有问过，如果你想知道，那咱们两个交换看吧"。这样，让他觉得你是看不看都无所谓的心态，他就会为了自己的好奇心，而自愿地把信息给你看。

启示

夫妻本身就是由两个独立个体组成的，又在不同的环境中生活了很多年，各自有不同的交往圈子，彼此的性格、志趣、习惯、爱好都有差别，要让这两个不同的独立体关系融洽，那就需要保持适当的距离。

耐不住寂寞的人，不会有真正的幸福

在网上看到这样一段话："即使没有王子，我仍然是公主，咖啡依旧香醇，生活依然美好，就算给我再大的城堡，也不做爱情的奴隶，就算没有王子，我依然是骄傲的公主，继续一个人的童话。"没有了爱人在身边，单身的人依然是快乐的。单身的人不需要别人认同的生活方式，他们挑时装、选香水为的是自己能拥有一份好心情，他们也会买礼物给自己。虽然，他们对于家里的力气活并不娴熟，但他们学会了一个人走夜路，换保险丝，他们习惯了享受一个又一个寂寞的长夜。当然，对于人类的创造性劳动，孤独感从来都不是一件坏事，特别是对单身的人而言。

意大利电影明星索菲亚·罗兰在千百万观众与崇拜者的包围中仍感到孤独，但她喜欢孤独，更喜欢孤独时的寂寞，她说："在寂寞中，我正视自己的真实感情，正视真实的自己，我品尝新思想，改正旧错误，我在寂寞中犹如置身在装有不失真的镜子的房屋里。"索菲亚将孤独当作是灵魂的过滤器，然后让自己不断地重复青春，滋补内心世界的营养。

耐不住寂寞的人，就不可能会有真正的幸福。没有另一半的自己依然可以美丽，可以享受。单身人的生活范围是很广阔的，他们可以像蝴蝶一样在社交场上翩翩起舞，也可以干练地出入写字楼，出席商务洽谈会，因而，他们的快乐是简单而坦荡的。

单身的人可以做自己想做的事情，交自己想交的朋友，不必迎合别人的生活方式。活着本来已经不容易了，何必还去追求一种虚伪的生活方式呢？单身的人懂得彻底放松自己，抛开家务，把家当作享受的场所，在懒散生活中享受着单身的美丽。

小瑶26岁了，谈过一次恋爱，目前是单身。即便是单身，她也是快乐的。小瑶在房地产中介公司上班，工作压力本身就比较大，但她懂得将这些压力分散开，几乎每个时刻她都是快乐的。

早上，当清晨的闹钟划破宁静的时候，她美好的一天就开始了。赶紧起床洗脸漱口，一边哼着歌，一边刷牙，别提心情有多好。因为单身，所以她租了一室一厅，平时就她一个人住，上厕所都不用关门。收拾完了之后，她先是到冰箱里拿牛奶和蛋糕，虽然只有一个人，但在饮食方面还是不会亏待自己。然后她背着包包，拿着早餐就出门了。

在公司，小瑶是最受欢迎的，因为她性格大大咧咧，像个男孩子，很容易与人相处。一进公司就听到同事亲昵的声音："瑶瑶妹，来了哟，咦，今天又漂亮哈。"这时小瑶则会很不客气地回应说："别以为我听不懂你的话，别讽刺我啦。"就这样，在嘻嘻闹闹中，一天就过去了。晚上回到家，虽然很辛苦，但小瑶同学还是觉得应该犒劳自己一下子，一个人至少也是两个菜，偶尔还会煲上一锅汤，一个人看着电视，喝着美味的营养汤，别提有多美了。谁说单身的人不快乐，小瑶总是否认这个观点。

单身生活有着婚姻无法提供的自由和快乐，不过单身的人们，除了需要酸甜苦辣自己知、天寒冷暖自助以外，还得拿出一些精力去抵抗那些由此产生的压力。对于这样的压力，乐观的单身者会将之转化为动力，逐渐成为生活园林中另外一只芬芳的玫瑰。

单身者不要因为父母的唠叨而委曲求全，不要因为跟父母赌气，就拿自己的终身大事开玩笑。单身者要懂得适时安慰父母："总归找得到的，当然要找个好点的。"这样永远保持积极的态度，把牢自己的坚实后盾。

启示

单身者不要因年纪而降低对另一半的标准，反之，经历得越多，内心世界越丰富，对另一半的看法也会有自己的观点。人单身越久，就会慢慢培养出自己的品味，把自己酝酿得好像一坛美酒，越老越有味道。不要随便凑合来破坏自己的美，心态沉静下来，选择的就是最好的，自己的生活就是最美满的，自然心情舒畅，人也靓丽。

第6章

人生并没有那么幸运

俗话说："人生不如意十之八九。"意思是，人生中十件事就有八九件事情是不如意的，剩下的只有一两件事是令人满意的。这告诉我们一个真理，人生并没有那么幸运，生活的常态就是平淡，我们需要做的就是在那不如意的八九件事里找乐趣，把平淡的生活过得有意义。

怀揣热情，接受最糟糕的结果

即便世界坍塌，仍需要保持泰然心情。威廉·詹姆斯教授曾说：“一个人要乐意接受已经形成的现实情况，因为接受现实是克服接连而来的一切糟糕情况的第一步。”事实上，不仅仅詹姆斯教授这样想，林语堂在自己的畅销书《生活的艺术》中也阐述了同样的观点，他说：“心理的宁静可以接受困境，因为它可以释放心灵的能力。”

确实，宁静可以释放心灵的能力，只要我们接受了最糟糕的情况，那我们就毫无损失，因为这意味着我们失去的所有都有机会找回来了。毋庸置疑，这确实是源于生活的真理。

如何让自己变得成熟起来？看完这么多故事，想必你已经找到了有效的方法。这个方法有三个步骤：首先，假设事情发展的最糟糕情况；其次，既然事情已经这样，那不如学会接受它；最后，既然接受了，不妨静下心来思考解决问题的有效方法。当然，关键在于，马上行动起来！

生活需要热情，那种平淡无味、死气沉沉的生活给人一种衰亡的感觉。上班族中很多人都是两点一线，朝九晚五，重复着简单无聊的日子。等到有一天突然回头，你会发现自己已过而立之年，却依旧碌碌无为，只懂得生存，不知道何为快乐。

这样的人未免被渲染得太过可悲，但由生存向生活过度，很多人却实实在在用完了一生。这个过程不可谓不漫长，期间的酸甜苦辣，不用深究，其味道已浸染他的四周。

每一天清晨的霞光下，在一个个忙碌的身影中，有你，有我。一天如此，一年如此，一生都会如此。谁对生活拥有热情，更懂得品味和享受，无疑，他就更容易寻找到快乐的足迹。

对于一个普通人来说，即便你坚信自己才华横溢，但如果缺乏热情，你也只能停留在表面功夫，做一天和尚撞一天钟，既享受不到工作所带来的乐趣，又不会有任何升迁的机会光顾你。

生活中需要热情，快乐更是由丰富的个性点燃的。当你对生活全身心投入的时候，那份专注的热情会持久地温暖你的心，使你拥有燃烧着的快乐和付出后的满足。

只有金钱才能缔造快乐，这在很多人的观念里已经根深蒂固。对于那些重视物欲享受的人来说，这样的人或许不折不扣是个傻子，然而这却是一个真真正正会享受快乐的“傻子”，是一个让自己精神快乐的人。他们深深地懂得：在短若朝露的人生岁月里，只有把真实的自我释放出来，才不会白白地、惨惨地辜负自己。

热情是快乐的秘方，是成功的催化剂。黑格尔有句名言：“我们可以肯定地说，世界上的伟大事物都是靠热情来成就的。”一个精神萎靡不振的人绝对不会成为成功的人；一个怨天尤人的人也绝对不会获得快乐的体验。

启示

“问渠哪得清如许？为有源头活水来。”如果你是一潭死水，就只能等着变臭、腐烂、干涸；如果你是一潭充满热情的活水，你就拥有了日新月异的动力，你就有了热情四射的活力，那时，你对快乐的理解和体验将获得前所未有的升华。

心中有快乐，所到之处就有阳光

既然人生无法倒退，何不坦然面对过程中的悲与喜呢？在这个世界上，没有糟糕的环境，只有糟糕的心境。一个人若拥有了糟糕的心境，无论他处于多么顺利的环境中，他也会感觉到苦闷；一个人若是拥有一份热忱、乐观的心境，那么，不管他处于什么样恶劣的环境，他依然可以过得快乐、幸福。

其实，那些心中充满抱怨的人，他们是自己跟自己较劲，既没有办法接受，又失去了改变的能力，一定程度上来说，他们是可怜的。即使自己的处境再糟糕又怎么样，抱怨能改变什么呢？既然不能改变环境，何不改变自己的心境呢？

亚伯拉罕·林肯在一次竞选参议员失败后这样说道：“此路艰辛而泥泞，我一只脚滑了一下，另一只脚也因而站不稳；但我缓口气，告诉自己‘这不过是滑一跤，并不是死去而爬不起来’。”其实，阻碍我们前行的并不是糟糕的环境，而是我们内心那份早已经发霉的糟糕心境。拥有良好的心态，能够持之以恒地做下去，直到最后的成功，这样，我们就能够在糟糕的环境中坚定地走下去。

当你感到自己变得苦闷或烦躁的时候，不妨试着反省自己，那苦闷、烦躁的根源是否在于自己拥有了一份糟糕的心境呢？如果答案是肯定的，那么，尝试着改变自己的心态，抛弃糟糕的心境，重新以乐观积极的心态面对，再来看待自己的处境，你会惊讶地发现，这个环境似乎并没有想象中那么糟糕。

可能在任何人看来，女工所处的环境都是相当糟糕的，但是，拥有积极乐观心态的女工却用自己微薄的薪水创造了一个干净而温馨的家。或许，在我们的生活中，常常会发生许多不如意的事情，不管我们接不接受，它都会如期而至。对我们而言，需要做的是：既然我们不能改变糟糕的环境，那么，我们就改变糟糕的心境。改变那些我们能改变的，接受那些不能改变的状况。

当你总是怀着乐观的心态去面对生活的时候，你会惊讶地发现，事情并没有想象的那么糟糕，无论多大的困难与挫折，都不足以毁灭我们心中的希望。只要心中有梦，希望就在，而我们会发现世界竟是那么美好，生活处处充满了阳光。

叔本华说：“不受激情感动的日常生活是冗长乏味的。一旦有了激情，生活中却又充满了苦痛。”毕竟平淡才是人生的常态，从容则是不变的心态，若盲目地追求激情，只会获得一个痛苦的人生。

如果说生活是一张色彩鲜艳的图画，你会发现图纸上给我们呈现最多的是白色，是的，对于我们每一个人来说，生活的常态就是平淡，不大悲大喜，保持淡定的从容，我们才能深刻地体会到生活的真切。许多人在生活中，既不够平淡，又不够从容，身边的同事晋升了职位，心中就腾起了妒火；若是自己加薪了、升职了，则欣喜若狂，相反，如果失去了发财的机会，他们就会捶胸顿足。

事实上，淡定从容才是最健康的生活态度，更是一种心灵的至高境界。成功与失败只是生活中的一种际遇，对于我们来说，没有必要为了失败或成功而破坏心中那份幽静的心情。保持一种淡定从容的心态，毕竟，繁华落尽不过是一纸的苍凉，灯红酒绿之后不过是漆黑的夜晚。所以，怀着一颗淡定从容的心来面对生活的失意与得意，你会发现，生活的平淡是常态，而淡定从容则是不变的心态。

佛曰："一花一世界，一草一天堂，一叶一如来，一砂一极乐，一方一净土，一笑一尘缘，一念一清静。"这一切都是源于心境，不去计较生活的平淡，不为失败而生气、沮丧，一花一草便可以是整个世界，那份洒脱，那份豁达，那份心境是常人所不能具有的。人生道路上有鲜花、有掌声，有多少人能等闲视之；人生路上也有坎坷泥泞、有满地荆棘，又有多少人能以平常心视之。我们要学会坦然面对人生中的失意与得意，平复心绪，既来之、则安之。正所谓"荣辱不惊，闲看庭前花开花落；去留无意，漫随天外云卷云舒"。

当你怀着乐观、积极的心态，秉承着“知己为天所命，非虚生也”的信念，用豁达的心胸来面对人生中的成功与失败，你就会发现人生并没有那么可怕，也没有什么过不去的坎，也没有什么放不下的。

淡定从容是一种平和的心态，即便面对生命中的坎坷与不幸，也能以平和、不急不躁、不卑不怒的心态来面对，浅尝生命的陈酿，从而忘却心中的烦恼。淡定从容是一种生活态度，面对生活中的失意与得意，保持平和的心境，不以物喜、不以己悲。从容不迫的心境不会因为失意而大起大落。

人的一生，总会面对得与失、升与沉、荣与辱、富贵与贫穷等这样一些迥然不同的遭遇。虽然，我们只是一个普通人，在这样一些遭遇下，心境有可能会起伏不定，但是，如果我们能够保持一颗平常心，抑制内心情绪的波动，那么，那些遭遇不过是过眼云烟。平静对待成功与失败，微笑面对荣辱，永远保持着胜不骄、败不馁的心态，秉承着淡定从容的生活态度。

启示

在人生的旅途中，做好自己，即使失去了也不要过于沮丧、抱怨，即便是获得了也不要太过兴奋。人生路上，不要有太多的患得患失，也不要太计较自己的得与失，以一份淡定从容的心态来迎接人生中的每一次挑战，这看似生命的无奈，实则是生命最绚丽的精彩。

事事随喜，生活自然一片美好

一个人心灵的宁静越是不为恐惧所侵扰，就越是可能为欲望和期待所束缚。有时候，最不容易管住的是我们的心，今天要求这样，明天希望那样，总是翻来覆去，心猿意马。浮躁的心总也看不开人生的种种，看不开灯红酒绿，看不开金钱、权利、欲望，所以他才会感觉到人生烦恼多。正所谓“心静自然凉”，当我们把心静下来之后，再回过头来看这个世界，是否会觉得烦恼丛生呢？有时候，不是因为看不开，而是因为没办法静下心来。

在生活中，我们因看不开所产生的烦恼、痛苦、绝望、发怒或者从容、自在、快乐的感觉，都源于我们内心。就好像少年专注时会有一只大蜘蛛不请自来对你进行骚扰一样，浮躁的心，往往会对我们的情绪产生影响，或悲或喜，或烦恼或自在，或绝望或希望。

好一句“随喜”，因为怀着一颗淡泊明志的心，所以才会事事“随喜”，凡事都看得开。心静下来，看什么都是没关系的，“随时”“随性”“随遇”“随缘”“随喜”，人生似乎就是这样，假如每每失去了或得到了什么，都抱着很浮躁的心态去对待，那万事万物，千头万绪，我们是再也理不清、剪不断的。人生需要“随喜”的心态，把心静下来，处处随喜，生活自然一片美好。

人生总充满着不如意的事情，而佛法告诉我们，生命的无常无法回避，我们应该把心静下来，面对它、认识它、超越它、看开它。或许，许多对佛法陌生的人认为佛教是消极的，其实不然，佛教认为苦是一种客观存在。

世间的一切都有生住异灭的过程，生老病死、春夏秋冬，只要我们怀着一颗平静的心看待，那一切都是可以看得开的。当自己被一颗浮躁的心所围绕，那我们看什么都是烦恼，什么都看不开。心若静下来，我们自然会看到生活中的许多美好，心情也一下子豁然开朗。

幸福是一种美好的感觉或享受，而痛苦则是人主观感受上的折磨。人的天性往往是努力追求幸福，而避免痛苦。然而，上帝总是成双成对地创造一切，它让幸福与痛苦也成为了形影不离的好朋友，于是，幸福与痛苦之间形成了一种微妙关系。

每个人从主观上讲，都希望获得幸福而避免痛苦，但是，幸福的降临往往有痛苦的伴随，如此而诞生的幸福滋味却是令人难忘的。

试想，如果你总是轻而易举地赢得幸福，你会体会到真切的幸福吗？所以，痛苦是幸福的代价，痛苦成为了进入幸福之门，而且，在痛苦的穿插之后，我们的心会变得更加快乐。

霍金先生在轮椅上度过了他人生的大部分时间，他用自己的智慧乐观为自己的人生赢得了前后两位妻子，他用自己的坚强写下了许多不朽的物理著作。病魔困住了他的躯体，却并没有困住他自由伟大的灵魂。他并非从来没有为失去感到过痛苦折磨，只是他更看重自己拥有的，更重视快乐，所以，他才有更卓越的人生。

痛苦常常来得无声无息，它考验你的毅力与坚韧，假如我们能顽强地与之抗争，逃离痛苦的阴影，重新给心以幸福的方向，那么，在痛苦之后，内心会更显幸福的光芒。痛苦并不可怕，只要内心能够找到快乐的方向，幸福的钟声一定会被敲响。

总是有人问本·沙哈尔："你能帮我消除痛苦吗？"本·沙哈尔却感到不解：可是为什么要对这种态度来对待痛苦？他这样说道："痛苦，也是我们的人生经验，会让我们从中学到很多，人生的成长和飞跃，经常发生在你觉得非常痛苦的时刻。"当某些人觉得幸福的滋味太过于平淡，那么，在痛苦的偶尔穿插中，你是否感到幸福的心会更加快乐呢？

毫无疑问，幸福与痛苦就是上帝创造的一对双胞胎，它们无时无刻不游离在我们左右。幸福与痛苦来自同一源泉，相比较，不论一个人的客观条件有多好，当他与那些条件更好的人相比，就会产生痛苦；相反，不论一个人的客观条件有多坏，当他与那些条件更坏的人相比，就会感到幸福。

即使我们不与他人相比较，有时候也会与自己相比：假如现在比过去好，我们就会感到幸福；假如过去比现在好，我们就会感到痛苦。当然，无论是幸福还是痛苦，我们都可以有所选择，主要取决于你的心态。比如，当痛苦来临的时候，所有的事情都很糟糕，但是你依然看到了事情美好的一面，那幸福将战胜痛苦。

真实的幸福是痛苦与痛苦之间的间隙。我们总是渴望着快乐，但这样却只会带来失望与不满，最终导致内心负面情绪的产生。

启示

一个幸福的人，并不是拒绝痛苦的人，他也会有情绪上的起伏，但整体上能够保持一种积极的心理。由于经常被积极的心理所引导，他们感染了快乐与幸福，并很少被负面情绪所困扰。所以，在人生漫漫途中，快乐是常态，痛苦只是小插曲。

你总得不到所渴望的公平

比尔·盖茨说：“社会是不公平的，我们要试着接受它。”在这个世界没有绝对的公平，假如真的绝对公平了，反而会是另外一种不公平。一个人从呱呱坠地出生，就有很多的不公平，有可能是出生背景不同、家庭关系不同、受教育程度不同，这些对我们而言都是一种公平。

面对这样的情况，如果我们处处较真，抱怨上天对我们的不公平，那只会让自己陷入一个痛苦的怪圈。更有甚者，最让我们感到心里不平衡的是，从前跟我们在一个水平线上的人，今天突然之间变得不一样了，如一起工作他却升职加薪了，一起做生意他却发财了。别人做事情总是处处顺利，而自己则是处处碰壁。

我们每天为了生存，不得不努力地挣扎着，以争取属于自己的那片天地。但在很多时候，我们努力了，却没有得到期望的结果。这时不要较真，不要哭泣，也不要怨天尤人，我们需要平静地面对这个世界，因为在这个世界没有绝对的公平，我们只求心灵平衡。

一个人活着，他就注定了有机遇、有坎坷、有欢乐、有痛苦，即便付出了所有的精力和心血，也未必会换来公平的待遇。在生活中，有的东西既然别人得到了，我们就不要再去争，这样徒劳无益；假如自己得到了，那就好好珍惜，别人也不会轻易就能剥夺你的所有。在这个世界上，从来都是一份耕耘，一份收获，有所失才会有所获得，只有有了对生活、对工作的付出，才有可能得到期望的回报。

在生活中，有的人比较幸运，他可以利用身边可以利用的一切资源，很快地过上令人羡慕的生活，而像自己这样一无所有的人，需要认清生活中存在的不公平，把自己的劣势变成自己努力奋斗的动力，发挥自己的长处，寻找机会，坚持自己想干的事情，这样才能够扭转我们所认为的不公平。

在生活中，我们也会经常遇到这样的事情，本来彼此之间合作得很好，但双方都在计较公平分配，结果，已经到手的利益成为了竹篮打水一场空，谁也没拿到好处。经常会有这样一些人，当事情还没办成的时候，就为了计较彼此之间的公平而在分配上争吵，而争吵的结果就是所办的事情不了了之。其实，在许多小事情上，绝不能拘泥绝对的公平，因为绝对的公平是不存在的。重要的是，我们要善于从长远利益出发，所谓小不忍则乱大谋，切忌处处较真，斤斤计较。

虽然，社会提倡伸张正义、主持公道。而那些政治家们在每一篇竞选演讲中也会慷慨陈词：“让每一个人都得到平等与公平的待遇。”但是，日复一日、年复一年，几个世纪过去了，我们也无法真正地消除世界上那些不公平的现象。实际上，有史以来，这些现象就从来没有消失过，贫困、战争、瘟疫、犯罪、吸毒和谋杀等各种社会弊病一代代延续着，某些地区还会愈演愈烈。我们应该明白，这些不公平现象的存在是必然的，当我们无法改变这一切的时候，我们可以努力改变自己，不让自己陷入一种惰性，并用自己的智慧去努力争取。

在生活与工作中，经常可以听到有人这样发泄：“这简直太不公平了！”这是一种经常可以听见的抱怨，当我们感到某件事不公平的时候，必然会把自己同另外一个人或另外一群人进行比较，我们会想：他比我得到的多，这就很不公平。如果你越是这样较真，那你就越是觉得自己是受到最不公平待遇的。

启示

凡事只要我们无悔地付出，至于结果怎么样，不要太在意，我们只求自己心灵的平衡。付出过，努力过，拼搏过，那就无怨无悔。对于生活中的许多事情，不要太去计较不公平的待遇，而只求得内心的安慰就可以了，这样我们才无愧于心。

幸福是一种选择，决定权在于你

心理暗示在日常生活中随时随地都可以看到，它是用含蓄、间接的方式对人的心理状态产生影响的过程。一般而言，暗示又分为他人暗示和自我暗示，遭遇不公平待遇时的积极心理暗示是一种自我暗示，即自己把某种观念暗示给自己，并使它实现为动作或行为。自我暗示的作用是巨大的，不仅能影响自己的心理与行为，还能影响到我们的生理机能。另外，只有积极的心理暗示能起到增进和改善的作用，反之，消极的暗示会扰乱我们的心理、行为以及人体的生理机能。当你习惯地想那些快乐的事情，你的神经系统就会习惯地令自己处在一个快乐的心态，这时你会发现幸福是触手可及的。

积极暗示心理学家马尔兹说："我们的神经系统是很'蠢'的，你用肉眼看到一件喜悦的事，它就会做出喜悦的反应；看到忧愁的事，它就会做出忧愁的反应。"于是，积极的暗示产生积极的心态，消极的暗示产生消极的心态，对我们自己来说，应尽量避免运用消极的暗示。

如果你能感恩生活，那你会发现幸福其实很简单，它近得触手可及。在这个物欲横流的时代，你拥有多少金钱并不能说明你有多幸福，你拥有多高的社会地位与权势并不能证明你比他人更幸福。每天，只要我们能给予自己这样的心理暗示，那就意味着自己是幸福的。

在生活中，我们常常会感到悲伤、烦闷，总是认为幸福是一种奢侈品，难以把握。其实，只要我们学会了积极的心理暗示，那幸福就是触手可及的。

习惯于幸福的人会在每天对自己说：“今天的天气真好，一切都会顺利的。”而不幸的人会说：“今天一切又不会顺利。”有时候，幸福对于我们来说只是一种选择，谁也不能决定你的幸福，只有你自己。

幸福只是隐藏在生活细碎的事情中。幸福隐藏在琐碎的事情之中，就如同点点粉末洒在日常事物之中，当我们的眼光太过于高远，就看不见那些随处飞扬的尘埃。所以，别计较太多，如果我们每天都在细数着自己身边的幸福，那么，幸福的指数就会一直上升，最终成为一种习惯，伴随我们左右。

有人说：“处于不幸中，垂头丧气显然于事无补，我们要做的，除了坦然面对之外，能改变的，只有自己的心。”当生活的不幸来临的时候，积极的心态是一个人战胜一切艰难困苦，走向成功的助推器。只要看得开，人就不会败。积极的心态，能激发人们自身的所有聪明才智，而消极的心态，就好似蜘蛛网缠住昆虫的翅膀一样，不断地束缚人们才华的施展。

在不幸面前，有的人越过越好，而有的人却从此一蹶不振，其实，这两者的区别在于心态的差异：前者所拥有的是积极的心态，而后者却总是呈现出消极心态。当然，心态是个人的选择，有积极心态的人往往会处于不败之中，一个人若是有了积极乐观的心态，那么，战胜不幸对于他来说就很容易了。

对于我们每个人来说，生活和事业不可能一帆风顺，常常会遇到各种困难和挫折，我们必须永远怀有事情还会有转机的乐观心态，才能战胜逆境获得成功。

积极的心态能使人看到希望，保持进取的旺盛斗志。消极心态使人沮丧、失望，限制和扼杀自己的潜能。积极的心态创造人生，消极的心态消耗人生。

西部“牛仔大王”李维斯的西部发迹史充满坎坷，充满传奇。他的制胜“法宝”是：每当受到挫折，遭受打击时，绝不抱怨，并且非常兴奋地对自己说：“太棒了！这样的事竟然发生在我的身上，又给了我一次成长的机会。”

启示

在遭遇不幸的时候，选择了积极的心态，就等于选择了成功的希望；选择了消极的心态，就注定了要走失败的沼泽。如果你想摆脱不幸，就必须摒弃那种扼杀你的潜能、摧毁你希望的消极心态。

第7章

你不对自己狠，世界就会对你狠

这个世界就是这样，没有过多的温暖，没有过多的恩赐，只有赤裸裸的现实。如果你不对自己狠，那这个世界就会对你狠。不管我们曾经遭遇了什么，都应该义无反顾地向前走，只有这样，我们才会从中有所获得。

采用积极的方法，忘记过去的痛苦

许多人总喜欢沉浸在过去的回忆之中，不愿意苏醒。莎士比亚曾说：“智者永远不会坐着为自己的错误而悲伤，却会很愉快地去找出办法来弥补错误。”如何面对生活中的困境呢？或许我们可以从历史书籍和个人传记中找到答案。所谓的成功者、伟人总会采用积极的方法来忘记过去的痛苦。假如你读到这些，你就会为他们乐观的生活态度而兴奋，也会感受到一次来自心灵深处的震撼。

使过去的错误有价值的唯一方法，就是平静地分析错误，从中吸取教训，然后再把错误忘掉。

卡耐基曾创办了一个很大的成人教育公司，并在很多城市设立了分部。他将很多钱花在公司的维持和广告宣传方面，当时他忙着上班，没有时间，也没有太大的精力去管理财务。他想得很简单，完全忘记了应该给公司聘请一位优秀的财务经理来管理公司的各项支出。

差不多一年过去了，卡耐基忽然想到尽管公司收入不少，却没有获得一点利润，这个事实令他感到震惊而又非常痛心。他并没有寻找一些解决问题的有效方法，相反，他开始陷入忧虑之中。在好几个月里，他一直在担心这件事，吃不下睡不着。他似乎并没有从这个错误中获取什么教训，反而又犯了一个类似的小错误。

昨天已经过去了，不管过去犯错也好，痛苦也罢，通通都被流水冲走了。如果我们还为此而哭泣，那简直就是彻头彻尾的傻瓜。事实上，81岁高龄的棒球老将康尼·马克也曾为输掉比赛而忧虑过。在过去那段漫长的岁月里，康尼经常忧虑。不过，他慢慢发现这样做丝毫没有好处。康尼说："就好像磨粉一样，磨过的粉不能再磨，因为水已经将它们冲到底下去了。"

一天早晨，艾玛跟同学们一起去实验室上课，当时在保罗·布兰德温老师的桌边放着一瓶牛奶。艾玛坐下之后，跟同学们一起看着那杯牛奶，猜测这杯牛奶与这一节生理卫生课之间的关系。忽然，老师将那瓶牛奶打翻在水槽中，同时大声喊道："不要为打翻的牛奶而哭泣。"

艾玛跟同学们一起涌到水槽边上，观看着这一悲剧。布兰德温老师说："你们仔细看看，我希望你们永远可以记住这一课。看到没有？瓶子里的牛奶已经漏光了，不管我怎么生气，也不管我如何抱怨，我都无法让牛奶和瓶子重新复原。其实，只要我下次放置牛奶时注意一些，我就不会因为不小心而将牛奶打翻了。但是现在想要改变这个事实已经太迟了，我只能接受这个现实。我现在唯一可以做的就是，记住经验和教训，将这件事彻底忘记，开始思考我的下一件事。"

听到布兰德温老师的话，艾玛醒悟了。她永远记住了这一次难忘的课程，即便忘记了那些书本上的地理知识和拉丁语之后，依然清晰地记得这件事。当然，对艾玛来说，这节课比自己高中四年的任何一门课程都实用。艾玛懂得了：只要有可能，就不要打翻牛奶，即便牛奶杯打翻了，也要彻底地忘记这件事。

“不要为打翻的牛奶而哭泣”，或许这是一句不知多少人说过的名言。甚至，有些人会觉得这句话有些老套，但是，它才是生活中真正的奥秘所在。简单的道理，经得起时间的检验，它之所以被那么多人传诵，恰恰证明它是有其自身价值的。

启示

不要为打翻的牛奶而哭泣，这些所谓的古老俗语有其独特的价值，假如我们可以在生活中使用它们，那我们的生活可能会变得更美好。但是，假如不加以利用，它只会是书上的某一句话。这里并非要教给大家一些新的方法，而是提醒大家多注意那些你已经知道的道理，将自己学到的东西加以利用，你的生活将会更加美好。即便你踌躇满志，虔诚聪明，也改变不了它一句半行，即便你流光了所有的眼泪，也洗不掉任何一个字眼。既然如此，我们何必要流泪呢？

挫折是人生的完美点缀

人生的路途上永远不会是一帆风顺的，它总是充满了荆棘和坎坷，等着我们去跨过。如果你在人生的挫折面前选择逃避，那么你就永远错过了成功的机会。每一个人要学会和挫折做朋友，当你把它朋友的时候，你就会发觉它并没有那么可怕，你就会鼓起勇气去战胜它。最初的人生是一张白纸，而挫折是白纸上的星星点缀，当你已经走完了你的一生，再回过头来，你会发现正是那些挫折才让你登上成功的顶峰，而你的人生也因为挫折而变得十分精彩。

卡耐基在生活和工作中遭遇了很多挫折，但是他依然凭着顽强的精神斗志，每一次都能从挫折中站立起来，迈向新的生活。可以说卡耐基成功的历程就是战胜困难和挫折的历程。他在面对生活和工作的挫折的时候，并没有退缩，而是以一颗乐观的心去对待，或许，正是因为挫折，他的人生才会取得如此巨大的成功，他的生活才充满了精彩。

卡耐基的课程受到了广泛的欢迎，也赢得了很高的声誉。但是并不是所有的人都认为他的课程是有十分有效的，是很实用的，在他的课程不断发展的同时，也遭到了一些人的非议和责难。

卡耐基在青年会夜校的课程非常紧张，无心兼顾身外的任何事情，哪怕是路边的一个行人。于是，他把自己的全部精力投入到夜校里的“卡耐基课堂”，为了使自己的课堂有所创新，让自己的课程形成一个比较清晰的内容体系。他需要自己着手来策划，实在是很忙，所以有一个晚上就停课了。当时那些学生就不满了，闹到青年会的新主任那里。那位中年妇女主任，毫不客气地教育卡耐基：“先生，你必须记着‘你的课程，学生们并不怎么满意。你不能如此懒惰，不要以为你现在能拿到三十美元一个晚上就很了不起！’明天，我就可以让你永远告别青年会。如果你不能勤奋地工作的话！”

面对这样的警告，他并没有生气。只是平静地接受了因自己不上课而学生不满的事实，他自己明白问题出在哪里，明白应该怎么办。后来当卡耐基再一次踏进教室开始讲课时，有学生公然指出：“戴尔·卡耐基先生，你说的一切都与怎样演说无关，我们不需要心理医生，我们只要一位充满机智的教师，而不是像你这样只会胡说八道。”下面的学生也开始吹口哨，又拍桌子地闹了起来。他手足无措地站在那里，这时那位妇女主任来了，喝令卡耐基结束了青年会的授课。

于是，他狼狈地离开了青年会，卡耐基心里明白除了接受既成事实以外，没有别的办法。可是不甘心自己试图创立的事业如此半途夭折。他开始到图书馆查阅一些资料，为自己的课程做些准备，后来在一位朋友的帮助下重新开始了卡耐基课程。

每当卡耐基陷入了困境，都会想起曾经使奥斯勒终身受益的一句名言：“我们最重要的工作，并非眺望遥远的、朦胧的事物，而是实行切近的、明确的工作。”虽然，卡耐基因为课程遭到非议，最终离开了青年会。但是，他用自己的能力克服了暂时的挫折，又通过课程确立了自己的事业，幸运的是发展得越来越好，最终走向成功之路。

或许在我们的日常生活中，也会遭遇一些像卡耐基一样的挫折。这时候，你就要学会接受已经发生的事实，这是克服任何挫折的第一步，然后再寻找可以解决的办法，让自己从挫折中站立起来。

有一天，当你回首往事，你会发现正是那些挫折才让你的人生丰满起来，让你的生活充足起来。人生不会因为挫折而一蹶不振，因为挫折，人生才充满了精彩。这是卡耐基的成功之道，也是每个人的幸福之道。

有的人时常在想，假如有一天我失去工作了怎么办？假如有一天我老了怎么办？假如有一天我失去健康了怎么办？假如有一天孩子不能成才怎么办？假如有一天所有的亲朋好友都对我不友好怎么办？我们暂且不说，那一天是否会到来。需要关注的是，你现在这样的担心只会让你陷入更严重的焦虑中。

启示

人生中的挫折并不可怕，重要的是你是否有战胜它的信心。人面对挫折，要用自己最美丽的笑容去征服它，你笑得越灿烂，它就越是怕你，当你自信满满地从它身边经过时，它就会不战而退。

我喜欢的你和别人不一样

许多人都喜欢模仿别人，想让自己和别人不一样，他们希望自己能够跟上潮流，或是让自己散发出明星般的魅力。不过，这种模仿好像并没有给自己带来成功或是快乐，相反会让自己感到焦虑、痛苦，而且这种焦虑、痛苦是和失败联系在一起的。对成功和快乐的渴望是人们模仿别人的出发点，不过事实证明这是一种十分不明智的做法。当任何一位因为模仿别人而苦恼的人感到苦恼的时候，应该相信这样一句话：做你自己，那是最快乐的，也是最好的。

对此，有人做过研究，实际上我们每个人都具备成为伟人的潜质，之所以没有成为伟人，是因为我们不过只用了10%的心智能力，而剩下的90%却一直不为我们知道。这其中最主要的原因就是人们不能保持自我，正确地认识自我，从而发挥自己的潜能。

人们应该记住，保持自我是一件相当重要的事情。假如你做不到，那么你永远都不可能成为一个快乐的人，因为你总是活在别人的影子里。有心理学家说："保持自我这个问题几乎和人类的历史一样久远了，这是所有人的问题。"其实，大多数精神、神经以及心理方面有问题的人，其潜在的致病原因往往都是不能保持自我。

女播音员玛丽·马克布莱德第一次走上电台的时候，也曾经试着模仿一位爱尔兰的播音明星，因为她当时很喜欢那位明星，而且许多人也十分喜欢那位明星，不过很遗憾，她的模仿失败了，因为她毕竟不是那位明星。于是她深深地反思了自己，最后终于决定找回自己本来的面貌，她在话筒旁边告诉所有的听众，自己是一位来自密苏里州的乡村姑娘，愿意以自己的淳朴、善良和真诚为大家送去欢乐，结果她现在根本不需要去模仿别人，甚至会有很多人去模仿她。

每个人都是这个世界上唯一的、崭新的自我，你确实应该为此感到高兴，因为没有人能够代替你。人应该把自己的天赋利用起来，因为所有的艺术都是一种自我的体现。人所唱的歌、跳的舞、画的画等，所有的都只能属于自己，而遗传基因、经验、环境等一切都造就了一个具备个性的自己。不论怎么样，人应该好好管理自己这座小花园，应该为自己的生命演奏一份最好的音乐。

确实，追求完美没有什么错误，但是假如过分追求，那么反倒不如不求完美，只留个性。比如，每个人都希望自己的房间永远干净，但是我们却不能永远保持整洁，假如我们一味地追求最完美的境界，那估计每天我们会活在痛苦的折磨之中。

在生活中，许多人崇尚完美主义，他们对任何事都要求严格，不做到完美誓不罢休，但是往往到了最后，这些完美主义的追求者却一个个都变得心灰意冷、失望透顶。理由很简单，任何事情都不可能是完美的，所以一个追求完美的人在一开始就给自己编织了一个永远不可能实现的梦。

但是，有许多人却依然忍受着不完美的折磨，这会让他们开始失眠、焦虑、烦躁、不安。他们总感觉自己没有漂亮的外表、迷人的气质，没有一份令人羡慕的工作。对于他们而言，几乎没有一件事可以让自己感到骄傲、自豪，所以他们很痛苦。

追求完美的人会因为始终达不到自己的目标而感到失望，从而形成一种恶性的循环。在这种可怕的循环作用下，他们会变得意志消沉、情绪焦躁，根本没勇气再去面对生活中那些不完美的缺憾。所以，对于那些追求完美的人而言，培养一种

“不完美主义”就显得十分重要。

假如一个人尽了最大的努力，费了很多心思，却还是始终不能达到预期的目标，那么就不妨选择放弃。有时放弃是一种高明的方法，可以让你的心静下来，不去想那件已经失败了或是不完美的事情，这样你就可以集中精神去思考下一步该怎么样做了。假如人对于一件事的每个过程都要求完美，那就容易让你感到事事不顺。

启示

有的人有着极强的自尊心，从来不愿意承认自己是弱者。为了让自己变成心目中的强者，他们会努力去做许多别人期待但自己不愿意做的事情。而这会给自己带来什么样的后果呢？难道真的会成功吗？假如人想让自己变得完美，那么就在心中先坚信自己完美，假如在开始时就承认自己是完美的，那你就不会活在别人的世界里。

保持独特魅力，是一生的修行

对于每个人而言，潮流是一个比较敏感的词汇，确实，在我们身边总是不缺乏那些追赶潮流的人，当然，追赶潮流并不是一件错事，毕竟爱美之心人皆有之。但是，一些人却是在毫无目的的情况下追求潮流，结果不止弄得自己身心疲惫，而且还得不偿失。当然，人有爱美的权力，也会追赶潮流去赢得另一半的心。只是，许多人为了讨得自己的另一半欢心，不惜花费大量的金钱和精力去追赶潮流。然而潮流变化日新月异，还没等他们反应过来就已经改变了，于是，许多人在赶潮流的过程中把自己弄得筋疲力尽，最后搞得自己魅力全失。

芭芭拉是一位时尚的女郎，当然，她对时尚的热爱与对男人的热爱如出一辙的。为了让自己的魅力能够留住年轻帅气的男朋友，她每个月都会花大部分钱在梳妆打扮上面。每当有新款式的衣服上市，她总是跑在最前面，虽然昂贵，但她从来不手软。一些节省的女孩子总是等到衣服打折之后再买，但是芭芭拉不这样认为，她觉得如果满大街都在穿这个款式的衣服，那自己的魅力就无法展现了。所以，每一个款式的衣服刚刚上市，芭芭拉就会毫不犹豫地将衣服买下来。因为这样，她身边的朋友都开玩笑："有了芭芭拉在身边，根本不用去买时装杂志也知道最近在流行什么。"

俗话说，女为悦己者容。芭芭拉认为自己每天打扮得漂漂亮亮，一定会赢得男朋友的喜欢。但是，她完全没有想到，男朋友竟然向自己提出分手，当时他就告诉芭芭拉："我已经喜欢上另外一位女孩，她是玛莎小姐。"芭芭拉感到非常不理解，不明白自己为什么会输给玛莎小姐。实际上，玛莎小姐简直是一个没有品位的女孩，她一年四季总是穿着那件古董级的职业装。但是，男朋友却对芭芭拉说："芭芭拉，其实我从来没有认真注意过你穿什么样的衣服，即便你穿着全纽约最好看的衣服，在我看来也没有什么区别。可是你知道吗？正是因为你总是在追求好看的衣服，反而让我觉得你是一个只知道花钱不知道挣钱的人，所以我只好选择离开你。”

芭芭拉根本不服气，她生气地说：“即便这样，你也不应该选择像古董一样的玛莎小姐。”男朋友却摇了摇头：“你错了，芭芭拉，尽管玛莎小姐总是穿着那黑色的职业装，不过在我看来却非常有魅力，虽然在你看来不算什么时尚，但是她却始终保持着自己一贯的风格和独特的魅力，也正是这样的魅力打动了我。”

或许直到最后芭芭拉也不知道自己输在哪里，尽管她追求潮流是没错，不过那样同样会让她失去自我。因为社会上流行什么她就是什么样子，而一旦不流行了她就改变样子。而对于一个男人而言，可能没有一个人会喜欢她那种千变万化的女郎。反之，他们的心更容易跟着那些能够永远保持自己独特魅力的女人走。

阿尔瓦新交了男朋友，她陷入了一段甜蜜而浪漫的爱情。阿尔瓦很在乎这位男朋友，因为这位年轻的男子不仅长相英俊而且事业有成，是许多女孩子的梦中情人。当然，他也很喜欢阿尔瓦，因为她性格温柔，看起来就像是一位淑女。

有一次，阿尔瓦与男朋友相约去看电影，回来之后，小伙子对电影里的女主角赞不绝口，说这位女明星把一个泼辣勇敢的角色演得惟妙惟肖。阿尔瓦听完之后，误以为自己的男朋友一定很喜欢这种性格的女孩子，于是，为了与男朋友能够长相厮守，她决定改变自己的性格。

然而，三个月后，男朋友却提出了分手，理由就是受不了阿尔瓦泼辣的性格。听到这样的理由，阿尔瓦非常伤心，她委屈地对男朋友说：“我所做的一切改变都是为了你，因为你曾经说过喜欢电影那种泼辣果敢的女孩子。”小伙子这才明白过来，不过，他还是对阿尔瓦说：“你就是你，为什么要模仿别人呢？我喜欢那位女主角，那是因为她不过是一个虚构的人物，而你却是实实在在的，我当初之所以会喜欢你，就是因为你性格温柔，但是你却放弃自己，很抱歉，我实在没办法接受现在的你。”

每个人都想将自己最漂亮、最有魅力的一面展示给自己喜欢的人，这是不可否认的事情。但是，假如人不能保持住自己的一贯风格，那另一半的心很快就会溜走。理由很简单，因为你没有什么地方真正让对方痴迷。所以，要想让另一半为你着迷，那最好的办法就是让自己保持独特的魅力。要想保持自己独特的魅力，那你就要根据自己的外形条件和内在气质来选择着装，将自己最有魅力的一面展示给对方，而不是随波逐流，盲目追求时尚潮流。

启示

在现实生活中，许多人对自己没有正确的认识，往往把羡慕的眼光投向别人。为了让自己充满“魅力”，他们不惜改变自己的外表、行为习惯乃至思维方式，极力模仿自己心中的偶像。但是，模仿毕竟是模仿，永远无法与最真实的气质流露相提并论。结果，这些人不仅失去了自我本来的魅力，而且也让心仪的伴侣开始疏远他们。所以，不管怎么样，请保持自己独特的个人魅力吧，那才是吸引人的杀手锏！

放平心态，拯救不开心的自己

我们都希望别人能够对自己的付出作出回应，也就是希望别人能够对自己感恩戴德，但是，忘记恩情实际上是人类的天性。英国的约翰逊博士曾经说："感恩是那些有教养的人才有的美德，你不要去指望从普通人的身上找到。"假如我们苛求别人的感恩，那么就会犯下一个很常识性的、一般性的错误，因为你真的太不了解人性了。

不知道对于一个人来说，什么样的恩情能比拯救他的性命更重。一位律师朋友说："我曾经不遗余力地帮助80个罪犯，使他们免受死刑的惩罚，避免坐上那张可怕的电椅，不过在这80名罪犯中，居然没有一个人曾经对我表示过感谢，就连在圣诞节寄一张卡片也没有。对此，我不觉得有什么，你应该知道，耶稣曾经在一个下午让十个瘫痪的人重新站立起来，然而，最后只有一个人回来对他表示感谢，因为剩下那九个人全都跑得无影无踪。"

有一次，卡耐基去纽约拜访了罗琳太太，那是一个整天生活在忧虑之中，抱怨自己太孤独的老妇人。见面之后，罗琳太太又开始给他讲述起她的过去，她不厌其烦地告诉他，在她侄子小的时候，她是怎样尽心尽力地照顾他们，是怎样的百般疼爱他们。那时候罗琳太太还没有结婚，不过她把自己女性天生的母爱全都给了他们，直到她结婚前，那些孩子们一直住在她家里，孩子们生病的时候，她总是无微不至地呵护他们，后来甚至资助一个侄子完成了大学学业。

说道这里的时候，罗琳太太总是很伤感地说："他们太令我失望了，因为他们似乎并不感谢我给他们的恩情。你知道吗？我的那些侄子现在根本不在乎我这个老太婆，他们虽然来看我，但并不是经常，而且他们从来不像你这样，能够耐心地听我讲完所有的故事。我知道这很烦人，可这一切都是事实啊！那些可怜的孩子从来不考虑我的感受，因为他们根本不认为我对他们有一丝的恩情。"

卡耐基笑着说："是的，罗琳，我知道你每天的生活真是很枯燥，所以我这次给你带来了一个很有趣的故事，前几天我在街上遇到了一个朋友，我一眼就能看出来他有心事，当我们在一家咖啡馆坐下来谈话时，他终于把他的心事告诉我。原来，就在去年圣诞节的时候，他给他的员工发了10000美元的奖金，每个员工差不多分到了300多元呢。可是，让我这位朋友气愤的是，居然没有一个人说过任何感谢的话，他现在真后悔当初给那些人发奖金。"

罗琳太太惊呼："天啊，这是去年圣诞节的事情吗？马上就快一年了！我觉得你的朋友很不明智，他真的没有必要将一年的时间都浪费在生气上，事实上，他怎么不问问人家为什么不感谢他？也许真的因为平时的待遇就不高，而且工作时间还很长，再说，也完全有可能是员工把圣诞奖金看成是他们应得的一部分，要是我绝对不会那么傻。"

卡耐基反问道："您为什么不把您的侄子们看成是我朋友的

员工呢？”从这以后，罗琳太太再也没有向任何人提起那些陈年旧事，而且也不认为侄子去看望她是一件顺理成章的事情。罗琳太太现在变成了一个快乐的人，因为她不再苛求别人的感恩。

聪明的人一定想知道应该如何解救自己，如何让自己变得快乐起来，其实秘诀就是把一切都看得自然一些，不去奢望以自己的力量改变现实。卡耐基表示自己的父母很乐于助人，尽管家里很穷，但父母每年都要从微薄的收入中挤出来一点来救济一家孤儿院，有的人可能会认为父母这样做是为了换取好的名声。

其实，他们从来没有去过那家孤儿院，除了会偶尔收到一两封感谢的信之外，从来没有人正式地对他们说声“谢谢”，但是，父母从来不奢求什么，其实他们很快乐，因为他们享受那种帮助那些无助的孩子们的喜悦，从不苛求得到什么回报。

许多人的抱怨都来自他们的孩子，因为对于母亲而言，子女不知道感恩是最令人痛心的事情。忘恩是人类的天性，或许这样的话显得不近人情。不过，感恩的心是温室里的花，必须通过静心地培育才能成长起来，所以，作为母亲或长辈，你们有必要教育你们的孩子，让他们学会感恩，因为孩子必定是你造就的。

启示

寻求快乐的最好途径就是不苛求别人的感恩，只有把一切都看成是爱的付出，看成是最自然的事情，才会让你体会到人生的真谛。当然，当你要求别人感恩的时候，你首先要做的就是让自己拥有一颗感恩的心。

第 8 章
没有谁依靠，你必须坚强

坚持锐意进取的精神，培养自己独立的意识。懂得凡事都要靠自己，除了自己没有其他人，所以遭遇了困境不要哭泣，前路遇阻了不要放弃，没有谁能依靠，你就必须变得坚强，赢得属于自己的王国。

世界上没有一步登天的奇迹

《塔木德》上告诫人们："别想一下就造出大海，必须先由小河川开始。"在成功者的思想里，世界上没有一步登天的奇迹。所以他们恪守自己"脚踏实地"的原则，做任何事情都循序渐进。他们明白，如果要想获得成功，就必须从一件小事做起，哪怕是一件微不足道的小事。他们只专注于现在所拥有的工作，成功先祖的智慧告诉他们：用投机取巧的方法来获得成功，那是永远不可取的。可能你在短时期内能获得一两次的成功，但是不能获得长久的成功。他们更愿意通过慢慢添加一砖一瓦，踏踏实实地坚守自己的位置，最后建造出属于自己的美丽城堡。

大多数成功者都是通过自己白手起家来达到成功的，在职业之初，他们一般都是从事最底层的工作。但是他们并没有为自己位于底层而气馁，相反，他们正是把底层作为他们自己的展现平台，也是成功的开端。

无论他们的工作是多么的平凡，多么的不起眼，他们都能够将那些看似普通而又细微的工作干得很出色。如洛克菲勒16岁开始为一个小商人做会计助理，因工作有条不紊，精细认真深受老板赏识；哈同在上海的沙逊洋行当门卫，表现突出一年后升任地产科领班；钻石大王彼德森16岁到一家珠宝店当学徒，敲敲打打一丝不苟，仅五个月手艺就得到师傅的认可；股票超人约瑟夫·贺希哈从14岁到17岁，伏案画股票行情图一画即三年。他们主要就是靠自己的踏实来获得了别人的赏识，然后一步一个脚印地往下走，最终获得了自己事业上的成功。

成功者哈同在1872年独自一人来到中国上海谋生，当时他只有24岁。他看起来是一个年轻力壮的青年人，但是他身上除了自己穿着的衣服以外，一无所有。他既没有一点资本，而且还不懂专业知识和技术。但是他来中国是赚钱发财的，于是，他结合自身的情况，决心从一个立足点开始。

他凭着自己长的魁梧高大，在一家洋行找到了一份看门的工作。哈同并没有为自己的这份工作感到丢脸。他认为通过自己为别人看门赚来的钱也是一种报酬，并没有使自己失去身份。他希望把这份工作作为一个立足点，通过自己的努力奋斗，积蓄力量，以后终会找到能赚更多钱的路子。

哈同对自己的工作非常认真，忠于职守。另外，他还常常利用自己晚上休息的时候阅读一些经济和财务的书籍，来增加自己的知识。老板渐渐发觉哈同是个出色的员工，而且很聪明，于是就把他调到业务部门当办事员。哈同一如既往地工作，业绩也越来越突出，逐步被提升为行务员、大班等。这时候，他的收入已经大大增加了。可是满怀志向的他并没有知足。他想拥有自己的企业，于是，在1901年他找理由离开了工作岗位，自己开始独立经营商行。

哈同自己创办的商行取名为“哈同商行”，他主要以经营洋货买卖为主，他独特的眼光使他发现洋货在中国市场上竞争品相对不是很多，而消费者就难以“货比三家”。因此，他通过市场神不知鬼不觉地获得了高额利润，使自己的商行越办越大。

哈同能够从一名看门工做到了商行的老板，正是体现了成功者的智慧。一个看门的工作，可能是大多数人都瞧不起的活，是别人是不愿意干的，他们觉得自己相貌堂堂，年轻高大，怎么会屈于当站门雇员。可是哈同不这么认为，他会认为这是他成功的一个起点。我们仔细注意到哈同的工作历程，就不难发现他成功的秘诀，那就是“脚踏实地，循序渐进”。他对自己的每一份工作都做到勤勤勉勉，忠于职守，并且不是急于求成，而是循序渐进地下去，慢慢登上成功的宝座。

成功者认为，人就应该从基础工作做起，认真完成每一项工作。他们通过认真工作来磨炼自己的情操，他们从来不会好高骛远，而是坚守脚踏实地的工作态度，这样才能逐渐地积累丰富的阅历和宝贵的工作经验，而这对于以后从事更富有挑战性的工作是一个准备。这样当他们最后面对比较复杂的工作的时候，依然能够胸有成竹地去完成。

成功者卓越的智慧告诉我们“工作无大小”。我们面对任何一件工作都需要认真对待。只有当你用心去面对一切的时候，才能够做到认真处理每一件事情，这样才能为自己积累更多的经验，也才可以把领导交给我们的任务完成。

《塔木德》中有这样一句广为流传的格言："罗马不是一天建成的。"而聪明的成功者正是坚信这样的道理，所以才能够在世界享有盛名。中国也有句相似的格言"千里之行始于足下"，它们所表达是同一个意思。

启示

我们在面对任何一件事情的时候，都要脚踏实地，才能做到循序渐进，才能获得最后的成功。正可谓"一屋不扫，何以扫天下"。凡成大事者需要从小事做起，踏踏实实地做好生活中的每一件事，小事做多了就成大事了。

无法左右命运，也不要被命运所左右

我们无法左右命运，但也不要被命运所左右。成功者在现实生活中，几乎都是处于动荡与逆境之中，怎么样在逆境中求得生存和发展是每个成功者都在关心和思考的问题。他们长期流浪，居无定所，使他们在艰苦而恶劣的环境中磨练了不屈不挠的生命意志。

犹太民族是一个经历了许多磨难的民族，长期在一种屈辱的环境里艰难地生存着，使他们拥有不屈不挠、锐意进取的精神。多灾多难的成功者几次亡国，过着颠沛流离的生活。但是不管他们处于多么险恶的环境，却从没有动摇过他们的信念，摧毁他们的精神。特别是在第二次世界大战后，一声号召，数百万成功者就放弃了自己优越、安定的生活，从世界各地赶往贫穷落后而又四处危机的乡土，艰苦地开展了轰轰烈烈的犹太复国运动。他们只在短短几十年之间，就在一个不毛之地建成了一个高速发达的现代化国家。成功者虽然刚刚经历了浴血奋战，而且数万的犹太人还在二战中被屠杀，但是他们并没有倒下，而是怀着不屈不挠的意志，锐意进取。他们凭着自己的不屈的精神，为世界的经济做出了卓越的贡献。

尽管犹太人只占全世界人口的少部分，但是他们却操纵着世界经济的杠杆。

美籍犹太人在全美国人口中仅占2%，但是每年的《财富》杂志所选出的美国的超级富豪，大约有25%是犹太企业家。如果仅限于前面40个，那么实际上有40%是犹太人。有人统计过，全世界最有钱的人当中，犹太人竟然占了一半。在以色列以外的其他地方，犹太人几乎都是当地“最富有的少数民族”。

不屈不挠的精神是催人奋进和获取成功的法宝，也是成功者的一种致胜秘诀。犹太人能够获得举世瞩目的成就，就是因为他们不屈不挠的意志，并且懂得锐意进取。无论面对战争的苦难，还是自己的磨难，他们都绝不低头。由于命运的多舛，使得他们在任何时候都不会倒下，而是奋力抗争，积极进取。在他们身上，永远彰显着勇往直前的作风和不断前进的精神。

世界连锁店先驱卢宾，1849年出生于俄国的犹太人。早年他随父母生活在俄国，但是受到周围俄国人的歧视，于是他们一家不得不迁居到英国，他们在英国生活了两年，但是无法解决温饱问题，不得不又迁居到美国纽约。由于卢宾家境贫寒，没有条件读书，他在16岁那年就随着淘金潮流到了加州去淘金。他到了加州，才发现淘金不是件容易的事情，黄金没有淘到，这迫使他开始另谋生路。

他看着来自世界各地的千千万万的淘金者，想到他们在矿场需要各种日用必需品。于是，他从摆卖小日用品开始，后来慢慢地逐步发展成大商店，最后创造出连锁商店经营模式，成为了世界连锁店的始祖。他不但为自己创造了无数的财富，还为世界商业模式的改变做出了贡献。

卢宾的童年生活都是在迁居中度过的，不但如此，幼小的他还饱受来自其他民族的歧视，这无疑激起了他成功的梦想。后来他在加州的淘金梦又破碎了。这时，他已经一无所有，连生活都没有给他希望。但是他并没有选择放弃，而是怀着百折不挠的精神来接受这些挫折。他奋发向上，找准一个机会锐意进取，最终造就了自己事业上的成功，也铸就了自己人生的另一片天地。人的一生就应该是一个不断求索的前进的过程。在我们遭遇一些巨大挫折和磨难的时候，不要自我菲薄，压抑自我发展的想法和潜力，甚至一蹶不振，这样，成功就会对你敬而远之。

成功者不屈不挠的意志使他们在世界上取得了巨大的成就，也使他们成为了一个不倒的民族。而在我们中国，也有这么一句古话："天降大任于斯人也，必先苦其心志，劳其筋骨，饿其体肤，空乏其身，行拂乱其所为，所以动心忍性，增益其所不能。”

启示

如果你想成就一番大事业，那么人生路途中的荆棘和坎坷都算不了什么，关键是你自己能在苦难中保持不屈不挠的精神，并且朝着你的人生目标锐意前进，那么你就会获得成功的青睐，命运的眷顾。

勤奋让你拥有成功的机会

成功者认为一个人的成功跟他是否勤勉是有重要关系的。如果一个人是勤奋的，那么他就拥有了成功的机会；如果一个人是懒惰的，那么他就一定不会成功。他们通常认为，勤勉和成功是相辅相成的，经常会有很多人因为自己的勤勉而成功，但却很少有人因为懒惰而成功。虽然你的勤劳并不一定会给你带来成功，但是无论如何，每个人都要辛勤工作，因为这是导致成功的最基本的条件。

《圣经》中有两句话：“流泪撒种的，必欢呼收割。”“那流着泪出去的，必要欢欢乐乐地带禾捆回来。”远古的时候，成功者为了生火，就要花很长的时间去摩擦木头或者石头；要吃果实，就要爬到很高的树上去摘。而如果能够成功地生起一堆火，能够成功地摘得果实，那么背后一定有辛苦。成功者认为，勤勉或者懒惰很少来自一个人的本性，很少的人一生下来就是辛勤的劳动者，也很少有人是天生的懒虫。很多人的勤勉或懒惰其实都是后天养成的，是自己的习惯导致的。

哈德良皇帝看见一个老人正在努力工作，他在种植无花果树。于是，他问老人道：“你是否期望自己能够享受果实呢？”

老人回答说：“如果我不能活到吃无花果的时候，我的孩子们也将会吃到。或许上帝会因此特赦我。”

“如果你能够得到上帝的特赦，吃到这棵树的果实，那就请你告诉我。”皇帝对他说。

随着时间的逝去，果树果然在老人的有生之年结出了果实，老人装了满满一篮子无花果去见皇帝。见到皇帝，他说：“我就是你看见过的那个种无花果树的老人，现在无花果成熟了，这些无花果是我的劳动成果。”

皇帝命他坐在金椅子上，把他的篮子里装满了黄金。可皇帝身边的仆人表示反对：“您想给一个平民那么多荣誉吗？”

皇帝回答说：“造物主给勤劳的人以荣誉，难道我就不能做同样的事吗？”

皇帝说的很对，上帝和人们通常都是把奖赏给那些勤勉的人。因为老人的勤劳，所以他得到了上帝的特赦，在自己的有生之年吃到了无花果。在成功者看来，懒惰将会使一个人一事无成，所以他们选择了勤勉，只有勤勉的人才会尝到胜利的果实。《羊皮卷》这样劝告世人：“最难受的工作是无所事事，最愉快的工作是人们忙于工作”。成功者崇尚工作，他们十分讨厌整天无所事事，到处游走，那是他们觉得很难受的事情，而整天勤勉甚至紧张的工作才是他们所喜欢的。成功者的生存之法就是培养自己勤勉的习惯，因为这是成功的关键。那种“成事在于勤，谋事须忌堕”的精神成就了多少成功。

犹太民族被称为世界上最为努力的民族，也是世界上最勤奋的民族。这种顽强的精神成就了许多犹太富翁，那些杰出的人物都勤勉地专注于自己的事业，他们都具备顽强忘我的奋斗精神。成功者似乎从来就不知道疲倦，他们一般都是长期默默地埋头工作，一点都不被外人所知晓。这个世界好像已经忘记了他们。可是有一天，他们却获得了意外的成功。那时候，你再回过头来，你不能不为那些勤劳的人感到骄傲。

成功者往往是靠自己的勤奋，才获得了巨大的成功。他们或许都不是天生的勤奋者，但是他们愿意在后天培养自己的勤勉，并把它当作习惯。韩愈也曾经说：“业精于勤荒于嬉，行成于思毁于随”。

一个人要想成就一番事业，一定要守住“勤”字，忌掉“惰”字。面对你的生活或者事业，你用什么样的态度来付出，就会得到相应的回报。如果你以勤付出，回报你的，也必将是丰厚的硕果。相反，那些懒惰的人，生活是不会赐予他任何东西的。懒惰的人是思想上的巨人，行动上的矮子。如果你懒惰地面对你的人生，那么其实就是把自己的生命一点点送入虚无。

启示

一个成功的人，是不会让懒惰有任何机会的。每个人都要时刻提醒自己："成事在勤，谋事忌惰"。人生苦短，勤勉往往是你取得成功的一个必要条件，而懒惰则会让你的生命陷入慢性自杀，会阻碍你的成功。

没有任何依靠，只有每天努力一点点

成功者的生存智慧就是培养勤勉的习惯。凡是在成功者的家庭里，成功者的父母很注重培养他们子女的勤勉精神。成功者会认为那些勤劳的人，造物主总是给他最高的荣誉和奖赏，而那些懒惰的人，造物主不会给他们任何礼物。所以，他们在做任何一件事情的时候，都会努力去做，而不是游手好闲、无所事事。

他们觉得一个人的勤勉是促使他成功的一个最基本的条件。因而犹太成功者的勤勉和任劳任怨的程度相对于其他民族来说是很少见的。实际上，所有人要想获得成功必须经过超人般的顽强奋斗，只是一般的奋斗是很难取得成功的。而成功者注重自己勤勉的培养，他们大多都能做到这一点。

洛克菲勒之所以能够获得成功，就在于他始终如一地保持勤勉的态度。他的勤勉已经成为了顽强的奋斗，在他的眼里，一天24小时都已经不够用了，他希望能在一天内工作更长的时间。成功者认为，只有勤勉的人才能够尝到胜利的果实，只有勤勉的人才能够得到命运的眷顾。所以，洛克菲勒用自己的实际行动证明了这样一个道理，如果你是一个做事勤勉的人，那么成功就已经离你不远了。

成功者把勤勉分为两种：一种是外力强迫的勤勉，另一种是自己自愿的勤勉。在贫穷的社会里，成功者为了解决自己的温饱，为了维持自己的生活，常常在条件非常恶劣的坏境中，从事长期的劳动，这被认为是自愿的勤勉。成功者在埃及受奴役期间，在奴隶主的强迫下，在一种外力的压力下，他们曾经长时间从事田里的工作，劳动量往往是一个正常人无法承受的，但是他们的生活并没有得到改善，这是外力导致的。而他们认为，如果是外力所强迫的勤勉，是永远无法获得成功的。因为一旦外力消失了，这种勤勉就会荡然无存。而自愿的勤勉能够改变自己的生活，能比较轻易地产生出自己的东西，逐步地培养它，时间久了，就可以确立一个完完整整的自我。

做任何事情，他们都会勤勤恳恳，力求上进，而他们获得成功的机会就更大了。富有智慧的成功者，会选择靠勤勉来通过成功的大门，而事实证明，他们做到了。

犹太父母常常会通过家庭教育来让他们的孩子学会勤勉。比如他们常常会给孩子一份清单：“吉米拖地赚了10美分，吃饭后为全家人洗碗赚15美分”“玛丽收拾自己的床铺赚了15美分，在家照顾小弟弟赚了10美分，插花赚了10美分”。而且他们会告诉孩子这些零花钱是通过自己劳动所得，如果你不干活，就不能得到零花钱。他们通常都是不随便给孩子钱的，目的就是鼓励孩子们多干活，并通过孩子们干活来培养他们的勤勉。等到这些孩子长大了，大多都能勤奋地工作，最后在事业上取得成功。

启示

聪明的成功者在孩子们小时候就开始培养他们勤勉的习惯，这有利于孩子们更早地意识到勤勉的作用。他们会明白，如果你很懒惰，那么就什么也得不到；如果你是个勤奋的人，就能够得到奖赏。因为从小树立起来的观念，会让他们在成长的路途中，更懂得怎么认真地去做每一件事。

马上付诸行动，与时间赛跑

人们行动的天敌是拖延，而停止拖延的最好办法就是马上付诸于行动。成功者只占全世界人口的百分之一，但全球百分之七的财富都掌握在他们手中。这其中的一个重要原因，就是成功者学会做行动的主人。成功者做任何事情都尽自己最大的努力，从来不把今天的事留给明天。他们做事绝不会在那里拖延，而是做到今天的事情今天做，时刻谨记“今日事，今日毕”。成功者的时间观念很强，所以他们绝不会拖延时间，也不会浪费时间，他们总是致力于把一件事做好。如果他们认定是今天必须要完成的事情，他们就会竭尽全力地去完成它，哪怕别人已经下班了，他还是会坚持把事情做完才下班。这就使得他们养成了做事严谨、珍惜时间的习惯，这也成为他们能够成功的一个重要条件。

如果你随便走进一个才能卓越的成功者的办公室，你就会发现在他的办公桌上，你是看不见有“未决”的文件的。成功者的时间观念都极强，他们绝对不会去愿意浪费时间。在他们“今天的事情今天完成”的观念里，积压文件的做法是非常不可取的。因为如果一旦发现在办公桌上有待批的文件，里面就极有可能有一批是极其重要的。如果没有按时把它们处理了，就有可能耽误很重大的事情，这是变相地浪费时间。而对于很多犹太商人来说，这是尤为严重的。他们办公桌上的文件，大多是有商业往来的信件、商业函件等，它里面的内容有可能是提供了一些重要的商业信息，有的则是请求商业往来，有的是关于某些商品交易。

每一个文件里面都包含了一条信息，都极有可能是给商人提供赚钱的机会。如果这里面有急待回复的文件积压在办公桌上，等到明天来处理，就为时已晚。因为每个人的时间都是宝贵的，当对方迟迟没有得到消息的时候，他就会选择放弃，另外寻找合作的伙伴。如果是这样，那么对于商人来说就白白失去了一个赚钱的机会。成功者是十分清楚这一点的，所以，他对自己手中的文件都是极为重视的。在很多成功者的概念里，还有“第克替特时间”的称谓。

在犹太商人的上班时间里，专门安排了处理文件时间。他们通常把上班后大约一个小时称为“第克替特时间”，即处理文件时间。犹太商人在这段时间里，会阅读昨天下班到今天上班之间所接到的商业函件，并开始回信，他们用打字机打好及时地发出去。他们在这一段时间里，为了集中精力处理这些文件，以求高质量高效率，是不让任何人打扰的。如果有人来打扰，就会影响速度和效率。他们之间通常会说这样一句话：“现在是第克替特时间”。这句话，在成功者的话语里，有公认的意思，意思就是“谢绝会客”。

成功者用“第克替特时间”来处理文件，这样能够做到高效率地办事。成功者一般把“马上解决”这句话作为自己的座右铭，所以，他们特别注重办事的效率和时间。如果他们有事情，就马上致力于去找到解决的办法，而不是一拖再拖，他们极其重视时间观念。所以在他们看来，拖延昨天的工作，是最可耻的事情。他们力求今天的事情，今天就能够完成，而不是拖到明天。

《塔木德》中写道：“金钱能够储蓄，而时间不能储蓄。金钱可以从别人那里借，而时间不能借。人生这个银行里还剩下多少时间也无从知道。因此，时间更重要。”成功者用投资来作比喻，投入多少不能用金钱来衡量，而是要用时间计算。他们觉得，在时间和金钱这两项资产中，时间显得更为重要。

只有时间才是最宝贵的，他们还认为当你认识到时间的宝贵的那一刻，你也会变得富有。

启示

时间观念极强的成功者，无论是在生活中，还是在工作中，都极为珍惜时间。所以他们做任何事情的原则就是今天能完成的事情绝对不会拖到明天。所以哈同在自己做看门工的时候，晚上还会用自己休息的时间阅读一些经济类的书。他们都会在别人休息的时候，开始努力地工作，于是，他们总能比别人多一些成功的机会。

第9章

在选择的路上，不惧困难地坚持

一个人在成长的道路上没有什么捷径，只有踏踏实实地努力，勤勤恳恳地付出，甚至比别人付出更多的辛劳和汗水。每天比别人多走一步，在选择的路上，不惧困难地坚持，才可以走向成功，才有可能到达成功的彼岸。

生活是一块垫脚石，让你望得更远

曾国藩说：“吾平生长进，全在受挫受辱之时，打掉门牙之时多矣，无一不和血一块吞下。”只有不倒下，我们才有取胜的可能。如果经不起挫折，受不了历练，我们将沉埋在痛苦的生活里，永远没有希望，也没有前进的方向。其实，挫折带来的并不全是坏事，它能使我们的人生绽放出最美丽的成功之花，而从挫折中汲取到的教训将是我们迈向成功的垫脚石。

有人曾说:“挫折就像是一块石头，对于弱者来说，它是一块绊脚石，让你却步不前；对于强者来说，挫折是一块垫脚石，让你望的更远。”当生活的华丽褪去，我们赫然发现：生活就是一块不平坦的磨刀石，我们每个人都必须经过它的磨踔。这是因为，挫折造就了生活。

1950年，弗洛伦丝·查德威克因她是第一个成功横渡英吉利海峡的女性而闻名于世。两年后，她从卡德林那岛出发游向加利福尼亚海滩，想再创一项前无古人的纪录。

那天，海面浓雾弥漫，海水冰冷刺骨。在游了漫长的十六个小时之后，她的嘴唇已冻得发紫，全身筋疲力尽，一阵阵战栗。她抬头眺望远方，只见眼前雾气茫茫，仿佛陆地离她还十分遥远。

“看来这一次无法游完全程了”。她这样想着，身体立刻就瘫软下来，甚至连再划一下水的力气都没有了。

“把我拖上去吧！”她对陪伴着她的小艇上的人说。

“咬咬牙，再坚持一下。只剩一英里远了。”艇上的人鼓励她。

“别骗我，如果只剩一英里，我就应该能看到海岸，把我拖上去，快，把我拖上去！” 于是，浑身瑟瑟发抖的查德威克被拖上了小艇。

小艇开足马力向前驶去。就在她裹紧毯子喝了一杯热汤的工夫，褐色的海岸线就从浓雾中显现出来，她甚至都能隐隐约约地看到海滩上欢呼的人群。

此时，她才知道，艇上的人并没有骗她，她距离成功确确实实只有一英里！她仰天长叹，懊悔自己没能咬咬牙再坚持一下。

俗话说：“行百里者半九十。”最后的那段路往往是一道难越的门槛，因为在我们历尽艰辛，心力交瘁的时候，即使一个小小的变故或者障碍都可能把我们击倒。这个时候，意志就显得至关重要。

一个拳手曾经说：“在受到对手猛烈重击的情况下，倒下是一种解脱，或者说是一种诱惑。每当这时候，我就在心里对自己叫喊：挺住，再坚持一下！因为只有我不倒下，才有取胜的可能，胜利往往来自于‘再坚持一下’的努力之中。”

启示

记住：没有经历过生活，自然不会理解出生活的艰辛；没有真正地经历过挫折，自然不懂得选择快乐的角度。假如，学习上的挫折一旦来临，就想要逃避这个世界，这本是一种不负责任的做法。古人曰：“百糖尝尽方谈甜，百盐尝尽才懂咸。”只有真正经历了生活而不倒下的人，他们才能放眼望世界，因为生活在挫折的打磨下变得多姿多彩。

再向前走一步，就是成功

所有的成功者最初都是由一个小小的目标开始的，一旦拥有了目标，你就会产生无穷的力量。你想拥有一个什么样的人生，全在于你持有一个怎样的目标，对于我们来说，最重要的就是要确立目标，怀揣着目标向前走。而多数人没有达成目标，就在于不能坚持。在我们人生的旅途中，常常会遭遇到各种困难与挫折，但是，请不要轻易地放弃什么。

其实，人生就如行走在沙漠，而苹果就是我们的信念与目标，在追求目标的过程中，遇到了困难要努力坚持，因为目标与信念可以战胜一切的恐惧。在追寻目标的过程中，我们既需要有危机意识，更需要有坚定的目标，只有这样我们才能稳步前进，最后达到自己的人生目标。

邻居有个胖太太，每天都听见她说要减肥。但是到了吃饭时间，她的饭量仍比别人多，睡觉的时间仍比别人长。叫她做些家务，她说太辛苦了。提醒她应该做运动，她嫌太劳累了。邀她一起到公园慢跑，她又怕晒太阳，又怕流汗。

有一天，胖太太站在磅秤上，低头一看停在七十公斤的指标，不禁大吃一惊。那天她狠下心，一整天只吃一点点东西，油盐甜腻皆不入口。接着，她迅速到体育用品店购买了全套的运动服，拼命般地又跑又跳。从第二天起，她开始了少吃多运动的生活方式。

大家都以为这一次她肯定减肥成功了。第三天，她很有信心地继续着她的计划。一个星期后，她充满信心的又站上了那个令她心跳加速的磅秤。然而，当发现指标仍固执地指在七十公斤时，胖太太像被扎破的皮球一样很快就泄气了。

她认为自己上当了——自己不是没尝试过，也不是没努力过，但却没看到成绩。她生气了，失望透顶的她又一次放弃了减肥计划。从第八天起，绝望的她又恢复了以前的生活方式——大吃大喝，想睡就睡，运动服则束之高阁。于是，胖太太越来越胖，现在已经到八十五公斤。

许多人没有达成自己的目标，就在于不能坚持。其实，对于成功，最忌讳的就是一日曝十日寒，这不是说方法是错误的，而是你坚持的态度出了问题。或许，你再向前走一步，就是成功。

通过大量的研究表明，那些成功人士身上最显著的共性是“说做就做”。一旦他们有了明确的目标，就会立即展开行动，一心一意、持之以恒地完成这项任务，直到达到目标为止。

启示

在努力过程中，为了完成既定目标，提高效率的关键在于立即行动，每天早上要做的第一件事情，就是对你来说最重要的那件事情，并使之成为一种习惯。这样时间久了，你就会坚持多一点。

换个角度，打开心灵的另一扇窗

有时候当我们认为已经失去的时候，其实只要转个弯，你会发现失去其实是一种收获。很多事情，只要稍稍地转变一下角度，就会有所不同。孟子曰：“鱼，我所欲也；熊掌，亦我所欲也。二者不可得兼，舍鱼而取熊掌者也。生，我所欲也；义，亦我所欲也。二者不可得兼，舍生而取义者也。”人生漫漫路上，我们总是面对着得与失的艰难抉择，得与失就如同一对生死兄弟，我们不能只选择其一，有得必有失，有失必有得，这就是哲理所在。

每个人心中都有一杆秤，衡量着得与失的价值，那到底该如何选择呢？事实上，每一次成功的选择都伴随着智慧，若是缺乏思考地选择只会让我们失去更多。有时候，事情并没有改变，改变的是我们的思维，但随之而来的却是结果的改变。

有一天，智者和学生一起散步，他们边走边谈论着，不知不觉间，走到一个贫穷落后的地区，路过一所破烂的房子，看见里面住着一对夫妇和他们的三个孩子，一家人衣衫褴褛，光着脚，连鞋子都没有，屋里只有几件破家具。智者问那位父亲："你们为什么要在既无商业又没有工作机会的贫困地区生存呢？"男人回答："家里有一头小奶牛，可以生产一些牛奶，然后，我们在附近的城镇用牛奶换一些其他的食品，我们将剩下的牛奶制作成奶酪和酸奶，我们就是依靠着那头小奶牛生活的。"智者笑了笑，看了看房子四周，就带着学生离开了。

智者走着走着，告诉学生："我必须回去，找到那头奶牛，并把它扔下悬崖。"学生听了很吃惊，试图说服老师这是一个错误，他说："那一定会毁掉那个可怜的家庭。"智者却不为所动，而是独自离开，学生想了想，还是追上了老师，并帮助老师将奶牛扔下了悬崖，但是，那个画面却让他身心难安。

几年过去了，学生还是没有忘记这件事，他决定出去看一看，或许自己能帮助那家人做点什么，以此抵偿自己当年造成的过失。他走进那个地区，却惊讶地发现一切都变了，到处都是一片富裕景象。学生感到很沮丧，那家人一定在丢失奶牛以后，被迫离开了自己的家园，这里早已经易主了。学生继续走着，看见原来那座破房子所在的地方矗立着一座气派的楼房，突然，他看见了一个看起来十分面熟的男人站在门口，学生认出来了，那就是当年的那位父亲。学生感到很吃惊："你们是怎么摆脱困境的？"男人笑着说："几年前，我们家唯一的奶牛突然不见了，刚开始我们很震惊，但无奈之下我们只能去发展新技能，谋求新的生存方式，最后，我们就逐渐富裕了起来。"接着，男人笑着说："现在看来，丢失那头奶牛是我们家最大的幸事，失去了奶牛，但我们却获得了更多。"

假如你转变一下角度，你会发现失去并不是一种遗憾，而是新的开始。在徘徊的十字路口，失去了某种东西，我们才能有更好的选择，改变与奇迹才能出现，这样看来，失去恰恰是成功的开始。

生活中到处充满了选择，有选择就意味着面临着得与失，这是必然的结果。要想有所获得，我们就需要失去某种东西，如果什么都不想失去，那我们将永远也没有收获。

人生之路本就是一条曲折之路，当我们被绊倒的时候，应换个角度看问题，打开心灵的另一扇窗，以一种积极、乐观的态度去面对人生中的一切。

启示

人生就像一朵鲜花，有时开，有时败，有时候微笑，有时候低头不语。其实，人生就是这样，无论你处于什么样的境地，换个角度看问题，你就会发现我们打开了心灵的另一扇窗户，你会发现人生是美好的，而我们所遭遇的那些根本算不了什么。

与其抱残守缺，不如在失去中获得

错过花，你将收获雨。在人生道路上，失去某种东西对于我们来说可能是一种遗憾，然而，这却是对人生的一种体验，虽然失去但获得体验，这样想来，失去何尝不是一种获得呢？

学会选择，懂得在失去中寻找，在失去中体验，在失去中获得，这样，会让我们的内心更加丰富和充实，这难道不是一种收获吗？即使是同样一件事情，不同的选择，有的人会觉得这是一种失去，有的人则会觉得这就是一种收获。之所以产生这样的差别，是因为我们的思考方式有所不同。

在每年的七八月份，北极地区的冰雪开始大面积融化，气温也逐渐开始回升，出现了短暂的春天景象，十分美丽。但是，随着气温的升高，也开始出现了大量的蚊虫，另外由于当地物种稀少，那些饥饿的蚊虫就会飞到人们聚居的地方，吸食人们的血液来维持自己的生命。让人感到奇怪的是，当地的居民却对这些嗡嗡乱叫的蚊虫十分仁慈，从来不轻易伤害它们。有的游客拿出杀虫剂喷洒，还会被当地居民所制止。这是为什么呢？

原来，一种被称为驯鹿的动物是当地居民过冬的主要肉质动物来源。可是，在天气比较暖和的时候，大批的驯鹿会自发地成群结队向低纬地区迁移，因为那里有大量的水草，如果没有人驱赶它们，它们就不愿意在严寒到来的时候准时回来。但是，在北极地区，如果你想靠人力来驱赶，这根本是不可能的事情。这时候，那些讨人厌的蚊虫就显示了它们的威力，天气开始降温，蚊虫就会飞到低纬地区逃命，自然会与驯鹿不期而遇。那些吸食血液的蚊虫是驯鹿无法抵御的天敌，而那边的气候还不适宜生存，所以那些驯鹿走投无路之下只能往回走。这一跑，正好钻进了人们事先已经设计好的陷阱里。

聪明的爱斯基摩人掌握了自然界物物相克的规律，所以甘愿忍受蚊虫吸食的痛苦，来求得长远的生存。在他们看来，眼前虽然失去了，但从长远来看，这却是一种获得。眼前的得失并不需要挂在心上，那些长远的考虑才是智慧者的生存之道。所以，在那些被蚊虫吸食的痛苦日子里，爱斯基摩人并没有过多地埋怨，而是保持着一份乐观豁达的胸怀，因为他们知道有了蚊虫的存在，这个冬天就不用愁食物了。

在高速行驶的火车上，一个老人不小心把刚买的鞋从窗口掉出去了一只。

周围的人备感惋惜，不料那老人立即把第二只鞋也从窗口扔了下去。

老人的想法是：这一只鞋无论多么昂贵，对自己而言都没有用了，如果有谁能捡到一双鞋子，说不定他还能穿呢！

在人生的路上，有着太多的得，也有太多的失，许多人一直都在计较着得与失，所以，每一天都在抱怨、懊悔中度过，在他们漫漫人生之中，没有哪一天是真正的快乐。无声的年华岁月将我们带走，看尽了繁华落尽，我们才会感叹：这一路走来，自己竟然忽视了那么多的美好风景，以前只是拼了命地计较得失，到现在已经没有什么可失去的了，但也从来没有得到过什么。其实，面对失去，只要我们学会转变思维角度，你就会发现这其实是一种获得。

启示

与其抱残守缺，不如在失去中获得。很多时候，事物的价值并不在于谁拥有，而在于如何拥有。对于世界万事万物而言，一切都是暂时的，一切都会消逝。让暂时的失去变得顺其自然，最后你会发现，失去并不一定是损失，也可能是一种获得。

选择了就坚持，坚持就坚持到底

由于人对自己无法把握，他们容易产生患得患失的心态，一个人无法把握自己往往是因为对自己不够了解。因为看不清自己，所以在做选择的时候常常遭遇两难的境地，不知道选择这个还是选择那个。

人生的选择题并不是数学题，没有标准的答案，即便有许多人告诉你一个相同的答案，那个答案也未必是对的，因为你是你自己，别人是别人，别人的经验是他们通过自己的经历获得的，对于我们自身，并不一定同样适用。所以，最好的办法就是去勇敢地尝试你自己所做的选择，对自己的每一次选择负责，就是对你的人生负责。

春天到了，园丁听到两粒种子躺在土壤里的对话。

第一粒种子说："我要努力拱出地面，并且将根深深扎入土壤；我要出人头地，让自己在大自然中迎风摇摆，大声歌唱生命的高贵。虽然最终我会在秋天枯萎，但我的一生活得很充实。"

第二粒种子说"我没你那么勇敢。如果我用力向地面上钻，会伤到我脆弱的茎心；如果我向土壤里深深扎根，可能会碰到坚硬的石头；如果幼芽长出，会被昆虫吃掉；我若开花结果，只怕小孩子会将我连根拔起。我看我还是呆在土壤里面最安全。长出来也没什么意思，反正最终都会死的。"

园丁听完两粒种子的对话后，对第一粒种子充满信心，他辛勤护理，使其茁壮生长。对第二粒种子却失去信心，疏于管理，最后第二粒种子刚露出地面就逐渐枯萎了。

其实，你自己就是园丁，两粒种子代表了你的两种选择，两种心态。假如你充满自信和勇气，就会像第一颗种子那样，在有限的生命里尽情享受人世间的快乐；假如你缺乏自信和勇气，你就会像第二颗种子那样渐渐老去，直至枯萎。人生就是一次无法回头的旅行，不敢冒险其实就是最大的风险，这只会让危险快速到来，相信自己，要对自己的未来充满热忱，永远不做随随便便的妥协。所以，在漫长的人生旅途中，我们要对自己的每一次选择负责，要对自己的人生负起责任。

在人生的不断实践中，你才会逐渐地了解自己，你才会知道自己到底想要什么样的生活，到底什么样的人生才是适合自己的。而当我们面临每一次生活的选择，最起码的一个标准就是对自己负责。一个对自己都不负责的人，怎么指望对别人负责？对自己负责，就是对自己所做的一切行为负责，就是对自己所做的选择负责，为此承担一切后果。

启示

只有对自己的选择负责，你才不会在发现这个选择并不适合你的时候悔恨懊恼，因为这是你自己做的决定，这是你自己的人生，即便最后你发现这并不是一个好的选择，至少它很好地让你认清了自己。而看清了自己，你才会做出更好的选择，你才会拥有更好的人生。

参考文献

[1]皮尔.坚强的乐观者[M].福州：海峡文艺出版社，2004.
[2]黄丽旋.坚强：把困难雕刻成微笑[M].广州：广东教育出版社，2010.
[3]陈静.你的勇气，价值连城[M].天津：天津人民出版社，2016.
[4]青音.愿有勇气去热爱[M].长沙：湖南文艺出版社，2017.
[5]微阳.你若不勇敢，谁替你坚强[M].北京：中国华侨出版社，2018.